油气管道标准境外适用性研究丛书

油气管道标准体系建设理论与实践

《油气管道标准体系建设理论与实践》编委会 著

中国质量标准出版传媒有限公司
中国标准出版社

北　京

图书在版编目（CIP）数据

油气管道标准体系建设理论与实践 /《油气管道标准
体系建设理论与实践》编委会著 . —北京：中国质量
标准出版传媒有限公司，2021.12

（油气管道标准境外适用性研究丛书）

ISBN 978-7-5026-4942-5

Ⅰ.①油…　Ⅱ.①油…　Ⅲ.①石油管道—标准体系—
体系建设—研究 ②天然气管道—标准体系—体系建设—
研究　　Ⅳ.① TE973

中国版本图书馆 CIP 数据核字（2021）第 097684 号

中国质量标准出版传媒有限公司
中 国 标 准 出 版 社　　出版发行

北京市朝阳区和平里西街甲 2 号（100029）

北京市西城区三里河北街 16 号（100045）

网址：www.spc.net.cn

总编室：（010）68533533　发行中心：（010）51780238

读者服务部：（010）68523946

北京联兴盛业印刷股份有限公司印刷

各地新华书店经销

*

开本 787×1092　1/16　印张 7.25　字数 125 千字

2021 年 12 月第一版　　2021 年 12 月第一次印刷

*

定价：68.00 元

丛书编委会

主 任 委 员：刘中云

副主任委员：王振声　丁建林　杜吉洲　崔　涛
　　　　　　王国涛　孟繁春　谢　丹　张对红
　　　　　　张世斌　崔红升　冯庆善　江玉友
　　　　　　陈朋超　张　栋

委　　　员：惠　泉　陈效红　汪　威　王维斌
　　　　　　吴张中　李　莉　刘　冰　苗　青
　　　　　　陈国群　张　妮　蔡培培　张栩赫
　　　　　　金庆国　李狄楠　李　立　王禹钦
　　　　　　孙　伶

本书编委会

主　　编：税碧垣

副　主　编：徐葱葱　　　姚学军　　　惠　泉

编　　委：刘　冰　　张　妮　　谭　笑　　曹　燕
　　　　　　马江涛　　吴张中　　李云杰　　刘少柱
　　　　　　刘啸奔　　曾力波　　马伟平　　祝悫智
　　　　　　齐健龙　　薛鲁宁　　刘艳双　　赵晋云
　　　　　　崔秀国　　熊　辉

审定专家：王　宇　　张　宏　　刘玲莉　　陈云鹏
　　　　　　郑素丽　　杨沣江　　刘　耀　　蔡培培

标准和标准化是国民经济与社会发展的技术支撑，标准在助推我国高质量发展转型过程中的基础性、战略性和引领性作用日益凸显。一个企业，一个行业，一个国家，要在激烈的国际竞争中立于不败之地，必须深刻认识标准的重要意义。

近些年来，我国油气管道领域标准化工作取得了长足发展，例如：首次开展企业标准体系建设创新实践，先进技术标准积累和研制突飞猛进，标准信息化技术水平跨越式发展，标准化人才培养储备贡献突出等。尤其是随着油气管道技术的快速发展，管道运维技术不断赶超国际先进水平，国内管道企业在着力推动标准国际化工作，主导制定国际标准，推动中国标准在"一带一路"国家应用转化方面均获得重大突破，对于提升中国标准的国际话语权和深化中国技术的国际影响力贡献巨大。

因此，国家管网集团组织撰写了这套"油气管道标准境外适用性研究丛书"，全套丛书共有 7 个分册，包括《油气管道标准境外适用性研究》《油气管道标准体系建设理论与实践》《油气管道标准适用性评价理论与实践》《油气管道标准信息化技术》《油气管道国际及国外先进标准培育研究》《中外油气管道标准比对研究》《油气管道标准境外应用实践》。分别对油气管道领域标准体系建设、标准评价、标准国际化、标准信息化、技术标准比对以及标准境外应用实践等进行了详细介绍。

期冀此套丛书作为油气管道领域标准化工作"十四五"发展的新起点，助力油气管网高技术发展、促进高水平开放、引领高质量发展，为打造中国特色世界一流油气管网提供支撑和保障。同时也希望此套丛书能够为其他行业提供借鉴，共同推动我国标准化事业大发展，有效推动我国综合竞争力提升。

2021 年 10 月　北京

标准是经济活动和社会发展的技术支撑，是国家基础性制度的重要方面。标准化在推进国家治理体系和治理能力现代化中发挥着基础性、引领性作用。近日，中共中央、国务院印发了《国家标准化发展纲要》（以下简称《纲要》），为新时代新发展格局下推进我国标准化事业发展绘制了蓝图。《纲要》提出我国标准化发展指导思想为"立足新发展阶段、贯彻新发展理念、构建新发展格局，优化标准化治理结构，增强标准化治理效能，提升标准国际化水平，加快构建推动高质量发展的标准体系，助力高技术创新，促进高水平开放，引领高质量发展，为全面建成社会主义现代化强国、实现中华民族伟大复兴的中国梦提供有力支撑"。《纲要》专门就"标准化开放程度"设立了发展目标，提出标准化开放程度显著增强，标准化国际合作深入拓展，互利共赢的国际标准化合作伙伴关系更加密切。《纲要》还部署了深化标准化交流合作、强化贸易便利化标准支撑以及推动国内国际标准化协同发展等重点任务。"十四五"期间中国标准对外开放将任重而道远。

"十三五"期间，在国家重点研发计划"国家质量基础的共性技术研究与应用"（NQI）重点专项中，中国标准化研究院联合国家管网集团等多家单位承担了"中国标准走出去适用性技术研究"一期和二期两个连续性重大项目，旨在通过开展中国标准境外适用性技术研究，增强我国在国际经济技术贸易规则和标准制定中的贡献度和影响力，进一步发挥标准促进世界互联互通的作用，为"一带一路"建设提供标准解决方案。

经过长达五年的攻关研究，"中国标准走出去适用性技术研究"项目圆满收官。由国家管网集团负责承担的其中一项重要课题"我国油气管道标准走出去适用性技术研究"取得很好的成果成效。该课题通过开展多方位、多层次、多维度的实地调研以及问卷调查和专家访谈研讨，为标准走出去提供扎实的基础支撑；通过宏观对标、微观对标、技术对标、管理对标、标准对标和案例对标，深入开展比对分析，为标准走出去提供有效的技术支持；通过特点分析、路线确定、实践结合和部署规划，开展标准走出去技术路径和方案的顶层设计；通过需求分析、技术攻关、实力提升和多层推动，开展标准走出去实践探索；通过定量评价、指标体系构建、制度搭建和成果转化，注重总结提炼，形成丰富有形化成果，为标准走出去提供可复制的示范推广。该课题创新提出一套包括政策适用性、技术内容适用性、经济适用性、环境适用性以及潜在风险在内的标准走出去适用性定量评价指标体系，具有科学性、普适性和可复制性；特别绘制出一幅包括采用方法、技术路线、总体思路和实现目标在内的标准走出去思路和涵盖国家、行业和企业三个维度的技术路线图，为我国其他行业和领域的标准走出去提供了极具借鉴意义的行动指南。

国家管网集团依托长期以来的标准化创新研究成果，勇于创新，为油气管道领域标准化事业，尤其是标准国际化事业做出了积极贡献。为进一步总结标准化研究与实践的优秀成果和经验，经过上百名专家及编者长达三年之久的打磨，终于将"油气管道标准境外适用性研究丛书"呈现给读者朋友们。这套专著分别从标准境外适用性研究、标准体系建设理论与实践、标准适用性评价理论与实践、标准信息化技术、国际及国外先进标准培育研究、标准比对研究以及标准境外应用实践七个方面进行了深入浅出的系统阐述，为读者系统地了解油气管道领域标准化工作打开了一扇窗，也为其他行业标准化工作提供了新的借鉴，是标准国际化领域不可多得的优秀之作。

中国标准化研究院　副院长

2021 年 10 月　北京

长输管道作为油气资源的重要运输方式，对我国各地区能源供应、社会稳定、经济发展等有着重要影响，在油气需求的带动下，未来我国油气管网里程将持续快速增长，其发挥的作用也越来越突出。目前，我国油气管道企业逐步建立有自己内部的企业标准体系，但是由于各自所辖业务、管理模式、企业文化等的差异，使得各企业标准体系建设模式、标准内容水平、标准管理方式等不尽相同。标准作为指导管道建设施工、运营维护，以及报废全业务流程的支持性文件，直接决定了油气管道建设和管理的水平，而标准体系建设作为标准化工作的顶层设计，对于标准的系统性、全面性、科学合理性等有着重要影响。然而我国现有标准体系不够合理，标准化协调推进机制不健全，导致各类标准之间衔接配套不完善，存在标准缺失老化滞后和交叉重复矛盾等问题，标准水平整体不高，难以满足国家及企业当前发展需要。因而只有推动高质量标准体系建设，全面提高标准化水平，才能以高标准促进高质量发展。

2015 年 3 月，国务院印发《深化标准化工作改革方案》，其中明确要求：企业要根据需要自主制定、实施企业标准，鼓励企业制定高于国家标准、行业标准、地方标准，具有竞争力的企业标准；第三阶段（2019—2020 年），基本建成结构合理、衔接配套、覆盖全面、适应经济社会快速发展的新型标准体系。因此，在油气管道快速发展、安全形势严峻及国家标准深化改革的趋势下，开展油气管道企业标准体系建设研究，解决目前标准体系存在的问题，建立涵盖全生命周期、覆盖全业务要素，系统协调、精简统一、先进适用的油气管道企业标准体系具有重大意义。

本书通过深入研究国内外油气管道行业、企业及相关机构的标准[1]现状，围绕国内油气管道企业特点和需求，结合标准化相关理论，从油气管道工业现状和标准化现状出发，给出了油气管道企业一体化标准体系构建理论、方法、信息化工具和建设案例，从而为油气管道企业建立新型的一体化标准体系提供参考和指导。

本书是国家重点研发计划"国家质量基础的共性技术研究与应用"专项"中国标准走出去适用性技术研究（二期）"（项目编号：2017YFF0209500）的课题"重大装备标准走出去适用性技术研究"（课题编号：2017YFF0209503）子课题"我国油气管道标准走出去适用性技术研究"（子课题编号：2017YFF0209503-05）的系列成果之一。

感谢在本书编写过程中有关领导的关心和支持，感谢专家对本书内容的审阅并提出宝贵意见。同时在编写本书过程中参考了同领域部分专家、学者的著作和研究成果，在此一并表示衷心的感谢。

由于本书涉及技术领域广泛，相关资料来源有限，加之编者水平有限，书中内容难免有疏漏和错误之处，恳请专家和读者批评指正！

本书编委会

2021 年 3 月

---

[1] 本书中涉及的国内外标准有效性及统计数据截止时间为 2020 年 12 月（项目完成时间）。

目 录

第一章 概 论

第一节 油气管道工业现状

中国能源行业"十三五"规划发布后，国内改革力度加大，能源行业发展思路和目标、改革方向和路径进一步明晰。2016—2018 年，中国油气管道行业遵循新出台的油气改革政策，从管输运销分离、管输定价体系改革、油气管网信息公开、市场化改革四个方面推进油气管网体制改革。近年来，为适应需求，我国油气管网规模不断扩大，管道的建设施工及管理水平得到大幅度提升，根据我国《中长期油气管网规划》，到 2025 年，管网规模将达到 $24 \times 10^4 km$，届时全国各省、直辖市、自治区成品油、天然气干线管网将全部连通，100 万人口以上的城市成品油管道基本接入，50 万人口以上的城市天然气管道基本接入，我国将迎来新的管道大发展时期。

一、我国在役管道基本情况

截至 2019 年年底，中国油气长输管道总里程已达 13.9 万 km，其中天然气管道约 8.1 万 km，原油管道约 2.9 万 km，成品油管道约 2.9 万 km。目前已基本建成覆盖全国、区域管网，紧密跟进的油气骨干管网局。

为保障国家能源消费，我国先后开辟了东北、西北、西南、海上四大油气通道。其中，西北通道为中哈原油管道、中亚天然气管道；西南通道为中缅油气管道（中缅天然气管道，中缅原油管道）；东北通道为中俄原油管道一线及二线、中俄东线天然气管道（见表 1-1）；海上通道主要是从非洲、南美、中东、大洋洲等通过海上运输将能源送至东部沿海一带。

2019 年 12 月 9 日上午，国家石油天然气管网集团有限公司（以下简称"国家管网公司"）揭牌成立。工商信息显示，国家管网公司的主营业务包括：负责全国油气干线管道、部分储气调峰设施的投资建设；负责干线管道互联互通及与社会管道联通，形成"全国一张网"；负责原油、成品油、天然气的管道输送；负责全国油气干线管网运行调度，定期向社会公开剩余管输和储存能力，实现基础设施向所有符合条件的用户公平开放等。随着国家管网公司业务的完善，其所管辖油气干线管道将包含三大石油公司[①]全资或控股的、设计最高工作压力大于 4MPa 的天然气管道及其附属设施；三大石油公司全资或控股的、设计最高工作压力大于或等于 6.4MPa 的原油、成品油管道；三大石油公司的管网调度业务，三大石油公司持有的省级管网股权，部分 LNG[②]接收站和储气库。

表 1-1　中国油气战略通道—跨国管道相关数据

管道名称	设计输送能力	状态
中哈原油管道	$2000 \times 10^4 t/a$	投产
中亚天然气管道 A/B/C	$550 \times 10^8 m^3/a$	投产
中亚天然气管道 D	$300 \times 10^8 m^3/a$	在建
中缅天然气管道	$120 \times 10^8 m^3/a$	投产
中缅原油管道	$2200 \times 10^4 t/a$	投产
中俄原油管道一线	$1500 \times 10^4 t/a$	投产
中俄原油管道二线	$1500 \times 10^4 t/a$	建成
中俄东线天然气管道	$380 \times 10^8 m^3/a$	在建

　　管网重组资产主要来源于原中国石油的中国石油管道有限责任公司及下属的管道分公司、西气东输管道分公司、北京天然气管道有限公司、西部管道分公司、西南管道分公司；中国石化的天然气分公司，管道储运公司，销售有限公司华北、华中、华东、华南分公司；中国海油的气电集团控股的天津 LNG、海南 LNG、深圳 LNG、粤东 LNG、广西 LNG、华北天然气管道有限公司、辽宁天然气管道有限公司、广东天然气管道有限公司、海南管道输气有限公司，以及部分三大石油公司控股、参股的江西、湖南、江苏等省管网公司。

　　按照国家总体安排，国家管网公司管辖的管道企业包括北方管道公司、西气东输分公司（含江苏省、湖北省、江西省、湖南省、福建省的天然气有限公司等）、北京天然气管道有限公司、西部管道公司、西南管道公司，东部原油储运公司、华北分公司、华中分公司、华东分公司、华南分公司、新疆煤制天然气外输管道、浙江省管网有限公司、广东省管网有限公司、海南天然气有限公司、粤东液化天然气有限责任公司、广西防城港天然气有限责任公司、深圳天然气有限公司、天津液化

---

① 　三大石油公司指中国石油天然气集团公司（简称"中国石油"）、中国石油化工集团公司（简称"中国石化"）、中国海洋石油集团有限公司（简称"中国海油"）。

② 　LNG 指液化天然气。

天然气有限责任公司、北海液化天然气有限责任公司等。目前管理约 9 万多千米管道，其中，天然气管道约 5 万 km、原油管道约 2 万 km、成品油管道约 2.5 万 km，管网覆盖全国 30 个省、直辖市、自治区和香港特别行政区。

2017 年 5 月，中共中央、国务院印发《关于深化石油天然气体制改革的若干意见》，明确了深化石油天然气体制改革的指导思想、基本原则、总体思路和主要任务。中国政府油气行业主管部门积极落实政策要求，相继出台一系列重大政策，促进油气行业持续健康发展。

2017 年 7 月，国家发展和改革委员会、国家能源局印发《中长期油气管网规划》（以下简称《规划》），旨在统筹规划、加快构建油气管网体系，对石油天然气基础设施网络进行统筹规划，搭建中长期油气管网布局蓝图。《规划》明确提出到 2025 年，原油、成品油、天然气管网里程分别达到 3.7×10^4 km、4×10^4 km 和 16.3×10^4 km，逐步实现天然气入户、入店、入厂，全国城镇用天然气人口达到 5.5 亿，天然气在能源消费结构中的比例达到 12% 左右。《规划》要求，加快构建"衔接上下游、沟通东西部、贯通南北方"的油气管网体系。推动各类主体、不同气源之间天然气管道实现互联互通，推进油气管道网销分开，放开管网建设等竞争性业务，引入更多的社会资本投资建设。《规划》指出，坚持总体国家安全观，夯实油气管网的基础性地位，着力扩大陆上通道输送能力，拓展新的进口通道，实现油气进口"海陆、东西、南北"整体协调平衡，有效降低外部风险，确保油气资源供应稳定。

伴随着国家管网公司的成立，中国石油、中国石化、中国海油的油气管道等资产将逐渐剥离至新的公司。国家管网公司的成立是近 20 年油气体制改革迈出的关键一步。这也是近 30 年，国内的油气管道公司第一次实现独立，实现真正的自主运营，其打破了油气生产、运输、销售一体化的传统管理体制，也将深刻影响我国油气行业发展格局。

总体来看，国内油气管道网络基本成型，资源进口通道初步形成，管输规模不断提高，但其发展仍不能满足国内实际需求，管网布局结构急需合理调整，管网现有体制机制不适应当前发展。根据《规划》，国内将迎来新一轮管道建设高峰，油气管网规模将不断扩大，管网布局也将趋于合理，尤其天然气管道将是建设重点。为加快天然气的利用，国家鼓励自主建设省内天然气支线管网，未来各省天然气管网将会有较快增长。

二、管道运营管理现状

我国自 1958 年年底建成克拉玛依油田到独山子炼油厂第一条工业化长距离输油管道以来，特别是 20 世纪 70 年代东北大庆油田原油外输"八三"管道的建成，在近半个世纪油气管道运输业的发展中，我国油气管道的运营管理主要经历了五个阶段。

第一阶段：20 世纪 80 年代前，计划经济体制下的生产管理模式。该阶段管理模式的主要特点是"以产定运，以运保产"，收入和支出全部纳入计划由上级安排，对经济效益重视不够，投资主体为单一的国有企业，以原油管道为主，天然气和成品油管道较少。

第二阶段：20 世纪 80 年代到 90 年代初，改革开放后的经营管理转型。主要特点是开始注重市场需求，根据市场需求编制运输计划，调整油气流向，呈现出经营管理模式转变。

第三阶段：1998 年到 2000 年前的专业化管理。管道建设与管理开始以经济效益为中心，1999 年 10 月，中国石油内部重组改制，输油气主业从管道局分离出来，成立管道分公司，专门从事管道建设和运营管理，迈出了专业化管理的步伐。

第四阶段：2000 年以后向"集中调控、分区管理、建管分开"方向发展。中国石油在原来管道分公司管理的管道板块业务上，重新组建了西气东输管道公司、西部管道公司、西南管道公司、油气管道调控中心、管道建设项目经理部，管道业务基本形成"集中调控、分区管理、建管分开"。

第五阶段：2019 年后，随着国家管网公司正式成立，国家管网公司负责全国油气干线管道、部分储气调峰设施的投资建设，负责干线管道互联互通及与社会管道连通，形成"全国一张网"，负责原油、成品油、天然气的管道输送，并统一负责全国油气干线管网运行调度，定期向社会公开剩余管输和储存能力，实现基础设施向所有符合条件的用户公平开放等。国家管网公司的成立将有利于推动形成上游油气资源多主体多渠道供应、中游统一管网高效集输、下游销售市场充分竞争的油气市场体系，是深化油气体制改革的重要一环，符合中国国情及行业发展需要，将对油气行业高质量发展起到积极促进作用。

伴随着管理体制的变化，我国的油气管道工程建设管理模式主要经历了传统建设模式、管理型建设模式。20 世纪 90 年代以后，随着石油石化企业重组并向经营型转变，我国开始探索以设计为龙头的设计、采购、施工（EPC）项目工程总承包建设管理模式，并逐步推广。其主要经历了工程建设监理、工程总承包（以施工为主）、项目管理承包商等三个阶段。从 2007 年至今，逐步试行了建管分开的 EPC 项目工程总承包建设管理模式。管道运营管理的宗旨是安全经济完成输送任务，主要涉及前期策划、管道建设、运行维护、报废处置等方面相关业务。

1. 前期策划

油气管道的前期策划是依据油气管道有关的国家法律法规、行政规定、技术规范，进行技术、经济、环境等方面的分析和论证，确定油气管道工程的目标要求。合理确定管道的使用年限、建设可靠性水平，确定管道运行期的检测、维护管理、报废处置等决策，并在此基础上对管道进行成本预测，形成最佳经济效益、社会效益、环境效益相结合的管道工程规划。

2. 管道建设

油气管道建设包括管道设计和管道施工两个阶段。

在管道设计阶段，需要对管道工程全寿命周期费用进行评价，如管道投入运营后每年的能耗、维护费用、工程的维修周期及费用指标等。设计时应遵守的准则有：可靠性与安全性设计，工程系统寿命匹配性设计，可施工性、可维护性、可扩展性设计，环境友好型设计，防灾减灾设计，全寿命周期费用优化设计等。对于管道设计的不同阶段主要包含以下内容：

（1）配合建设单位开展工作，结合管道的各项参数综合确定防护方案，对防护措施要进行多方案比较，详细论证防护措施，要在经济上可行、技术上合理，必要时要提出应急处理方案。

（2）初步设计阶段防护方案的确定，要配合建设单位和有关产权单位签订防护工程协议，并纳入初步设计概算文件。

（3）施工阶段首先要认真调查，初步设计审批意见的主要内容和修改意见，对油气管道变动和工程数量进行必要的修改。

（4）由于油气管道防护施工属于高危险作业，施工设计阶段一定要对设计原则、施工注意事项、安全措施考虑周全。

管道工程施工提倡绿色施工，加强施工阶段的 HSE^① 管理，应用先进的施工方法、工艺、技术、材料。同时，因为油气管道通常是在一个高压、远距离的状态下进行工作，且易燃易爆，因此在进行管道施工的时候，要严格依照施工标准进行施工。目前我国在管道施工建设方面取得了很大的进步，在建设技术上面已经取得了非常不错的成绩，管道工程施工主要包括管沟挖掘、管线制作、焊接检测防腐等技术。

长输管道的建设周期长、施工距离长、工程建设量大，为此，在长输管道建设中需要多个工种相互配合，才能够保障长输管道建设任务的完成。比如管沟的挖掘、管道的焊接、长输管道的防腐处理等。长输管道经过的区域比较复杂，需要合理设计长输管道的路径，结合实际情况尽可能减少长输管道施工作业量。长输管道的建设可以分段施工，并且整个管道施工的难度比较大。长输管道在具体建设中需要现场指挥，及时处理问题。而且质量监督管理人员需要随时对施工质量进行检查和验收，如发现存在质量问题应该责令整改，杜绝隐蔽性安全隐患，保证长输管道的正常运行。

3. 运行维护

油气管道的运行维护阶段是指建设阶段结束后，管道从投入使用到报废的过程。运行维护的主要任务是对管道运行进行优化、控制、组织、指挥，解决运行中出现的问题，保证其平稳、安全、高效、健康，尤其是运行中的节能减排。

（1）调控运行方面的技术进展

目前，我国已经创建了基于集中调控的油气管网运行优化技术及双控制中心独立运行模式，其使油气管网负荷路由提高到 95%，大大优化了大型油气管网的输配。我国研发出了 RealPipe 系列仿真优化软件，其具有极高的仿真水平，压力误差和温度误差都非常小。我国根据流动安全评价方法和工艺风险评价方法，制定管道设备运行计划，大大提高了油气管道安全运行水平。我国还研制出了一种含蜡原油纳米降凝剂，有效实现了原油的降黏和降凝，及另一种缓蚀型天然气减阻剂，有效实现了天然气减阻和缓蚀。

（2）安全维护方面的技术进展

目前，我国已经建立了风险预控基础上的油气管道完整性技术体系，有利于对

---

① 健康、安全和环境管理体系。

油气管网实行全方位、全过程、实时安全的监督控制；研发了高清漏磁检测器及现有的超声导波检测技术，有效实现了对螺旋焊缝缺陷的检测；根据压力波和流量平衡法，研发出了新的油气泄漏监测技术，有效实现了对油气突发泄漏和缓慢泄漏的及时检测；根据相干瑞利光纤，研发出了新的光纤预警系统，有效实现了对管道破坏的准确报警；开发了洪水灾害信息系统，大大提高了洪水灾害信息预报的准确率；在管道阴极保护方面研发了数值仿真技术，能够在设计阶段对阴极保护进行有效校正、在运行阶段对阴极保护进行有效优化；开发了杂散电流干扰检测技术和减缓技术，大大减缓了杂散电流干扰电压。除这些外，我国还建立了大型、复杂输气管网系统可靠性研究的框架，为未来可靠性输气管网管理体系的构建奠定了良好基础。

（3）关键装备方面的技术进展

目前，我国在油气管道装备方面也取得了重大突破，摆脱了以往在装备上完全依靠国外进口的困境。现阶段我国的油气管道核心装备有 90% 都是自主研发的，打破了国外技术垄断的局面。例如，20MW 电驱压缩机组、大口径全焊接球阀、30MW 燃驱压缩机组等，我国均有了自主技术。另外，对 56in[①]球阀、2500kW 级输油、SCADA 系统等的研究也已经取得了很大进展，相信不久之后将实现全面国产化。

4. 报废处置

经过多年运行，管道及其设备陈旧老化，勉强维持运营使生产成本不断攀升，难以继续承担输油气任务，或出于油资源匮乏等原因，对管道做退役报废处理，宣告其"生命"终结。管道报废处置的方法应该在设计阶段进行规划，设计和施工方案要充分考虑管道报废后的拆除、再利用以及对环境造成的影响。

第二节　我国标准化现状

标准化作为一门独立的学科，必然有它特有的概念体系。标准化的概念是人们对标准化有关范畴本质特征的概括。通过标准化改革，我国构建了政府主导制定的标准和市场自主制定的标准协同发展、协调配套的新型标准体系。该体系由 5 个层级的标准构成，分别是国家标准、行业标准、地方标准、团体标准和企业标准。

---

① 　1in≈25.4mm。

一、标准的定义及特性

1. 标准的定义

GB/T 20000.1—2014《标准化工作指南　第 1 部分：标准化和相关活动的通用术语》对"标准"的定义是：通过标准化活动，按照规定的程序经协商一致制定，为各种活动或其他结果提供规则、指南或特性，提供共同使用和重复使用的文件。

注：（1）标准宜以科学、技术和经验的综合成果为基础；（2）规定的程序指制定标准的机构颁布的标准制定程序；（3）诸如国际标准、区域标准、国家标准等，由于它们可以公开获得以及必要时通过修正或修订保持与最新技术水平同步，因此它们被视为构成了公认的技术规则。其他层次的标准，诸如专业学（协）会标准、企业标准等，在地域上可影响几个国家。

《世界贸易组织/技术性贸易壁垒协定》（以下简称《WTO/TBT 协定》）规定："标准是被公认机构批准的、非强制性的、为了通用或反复使用的目的，为产品或其他加工或生产方法提供规则、指南或特性的文件。"这可被视为世界贸易组织（WTO）对"标准"的定义。

上述定义，从不同侧面揭示了标准的含义。

（1）制定标准的出发点。标准是为了获得最佳的生产秩序、市场秩序和社会秩序，降低成本、提高质量；提升通用性和互换性，满足顾客要求，赢得市场份额；提供社会安全感、增加社会的可持续发展能力，构建和谐社会。

（2）标准产生的基础。每制定一项标准，都必须踏踏实实地做好两方面的基础工作。

1）将科学研究的成就、技术进步的最新成果同实践中积累的先进经验相互结合，纳入标准，奠定科学的标准基础。这些成果和经验，不能不加分析地纳入标准，而是要经过分析、比较、选择以后再加以综合。这是对科学、技术和经验加以消化、融会贯通、提炼和概括的过程。标准的社会功能，总的来说就是到某一截止时间，对社会所积累的科学技术和实践的经验成果予以规范化，以促成对资源更有效地利用和为技术进一步发展搭建平台并创造稳定的基础。

2）标准中所反映的不应是局部的、片面的经验，也不能仅仅反映局部的利益。这就不能凭少数人的主观意志，而应该同有关人员、有关方面（如用户、生产方、政府、科研单位以及其他利益相关方）认真地讨论，充分地协商，最后从共同利益出发做出规定。这样制定的标准才能既体现出科学性，又体现出民主性和公正性。标准的这几个特性越突出，在执行中便越权威。

（3）标准化对象的特征。制定标准的对象，已经从技术领域延伸到经济领域和人类生活的其他领域，其外延已经扩展到无法枚举的程度。因此，对象的内涵便缩小为有限的特征，即"重复性事物"。

什么是重复性事物？这里所说的"重复性"，是指同一事物反复多次出现的性质。例如，大量成批生产的产品在生产过程中的重复投入、重复加工、重复检验、重复生产；同一类技术活动（如某零件的设计）在不同地点、不同对象上同时或相继发生；某一概念、方法、符号被许多人反复应用等。

标准是实践经验的总结。只有具有重复性特征的事物，才能使人们把以往的经验加以积累，标准就是这种积累的一种方式。一个新标准的产生是从这种积累开始的（当然在此之前也有通过其他方式积累），标准的修订是积累的不断深化，是新经验取代旧经验。标准化过程就是人类实践经验不断积累与不断深化的过程。

只有事物具有重复出现的特性，标准才能重复使用，才有制定标准的必要。对重复事物制定标准的目的是总结以往的经验，选择最佳方案，作为今后实践的目标和依据。这样既可最大限度地减少不必要的重复劳动，又能扩大"最佳方案"的重复利用次数和范围。标准化的技术经济效果有相当一部分就是从这种"重复"中得到的。

（4）由公认的权威机构批准。国际标准、区域性标准以及各国的国家标准，是社会生活和经济技术活动的重要依据，不仅是人民群众、广大消费者以及标准各相关方利益的体现，而且是一种公共资源，它必须由能够代表各方利益，并为社会所公认的权威机构批准，方能为各方所接受。

（5）标准的属性。国际标准化组织将标准定义为"规范性文件"；WTO 将其定义为"非强制性的……提供规则、指南和特性的文件"。这其中虽有微妙的差别，但从本质上来说，标准是为公众提供一种可共同使用和反复使用的最佳选择，或为各种活动或其结果提供规则、导则、规定特性的文件（即公共物品）。

这里需要说明的是，企业标准则不完全相同，它要体现企业自身的利益，而且是企业的自有资源，在企业内部是具有强制力的，故这个定义对企业标准并不能完全适用。

2. 标准的特性

标准是为了在一定的范围内获得最佳秩序，经协商一致制定并由公认机构批准，共同使用和重复使用的一种规范性文件。从其定义看，标准具有以下 4 个特性。

一是权威性。标准要由权威机构批准发布，在相关领域有技术权威，为社会所公认。推荐性国家标准由国务院标准化行政主管部门制定；行业标准由国务院有关行政主管部门制定，报国务院标准化行政主管部门备案；地方标准由省、自治区、直辖市人民政府标准化行政主管部门制定。强制性国家标准一经发布，必须强制执行。

二是民主性。标准的制定要经过利益相关方充分协商，并听取各方意见。

三是实用性。标准的制修订是为了解决现实问题或潜在问题，在一定的范围内获得最佳秩序，实现最大效益。

四是科学性。标准来源于人类社会实践活动，其产生的基础是科学研究和技术进步的成果、实践经验的总结。标准制定过程中，对关键指标要进行充分的试验验证，标准的技术内容代表着先进的科技创新成果，标准的实施也是科技成果产业化的重要过程。

标准有两种存在形式，一种是文本标准，另一种是实物标准，也就是标准样品。文本标准是正式出版物，具有版权。标准样品，是具有一种或多种良好特性的材料或物质，主要用于校准仪器、评价测量方法和给材料赋值。

二、标准化的定义及作用

1. 标准化的定义

GB/T 20000.1—2014《标准化工作指南 第1部分：标准化和相关活动的通用术语》对"标准化"给出了如下定义：为了在既定范围内获得最佳秩序，促进共同效益，对现实问题或潜在问题确立共同使用或重复使用的条款以及编制、发布和应用文件的活动。

注：（1）标准化活动确定的条款，可形成标准化文件，包括标准和其他标准化文件；（2）标准化的主要效益在于为了成品、过程或服务的预期目的改进它们的适用性，促进贸易、交流以及技术合作。

上述定义揭示了"标准化"的含义。

（1）标准化不是一个孤立的事物，而是一个活动过程，主要是编制发布标准、实施标准、修订标准的过程，这个过程也不是一次就完结了，而是一个不断循环、螺旋式上升的过程。每完成一个循环，标准的水平就提高一个层次。标准化作为一门学科是研究标准化过程中的规律和方法；标准化作为一项工作就是根据客观情况的变化，不断促进这种循环过程的进行和发展。

标准是标准化活动的产物。标准化的目的和作用，都是要通过制定和实施具体的标准来体现的。所以，标准化活动不能脱离制定、修订和实施标准，这是标准化的基本任务和主要内容。

标准化的效果只有当标准实施以后，才能表现出来。而标准化绝不是制定一个标准就可以了事的。开展标准化工作不可以盲目追求标准的数量，再多、再好的标准，没有被运用，那就什么效果也达不到。因此，在标准化活动中，实施标准是一个不容忽视的环节，这一环节中断了，标准化循环发展过程也就中断了，那就谈不上标准"化"了。

（2）标准化是一项有目的的活动。标准化可以有一个或更多特定的目的，以使产品、过程或服务具有适用性。这样的目的可能包括品种控制、可用性、兼容性、互换性、健康、安全、环境保护、产品防护、互相理解、经济效益、贸易等。一般来说，标准化的主要作用，除了改进产品、过程或服务的适用性以外，还包括防止贸易壁垒、促进技术合作等。

（3）标准化活动是建立规范的活动。定义中所说的"条款"，即规范性文件内容的表达方式。标准化活动建立的规范具有共同使用和重复使用的特征。条款或规范不仅针对当前存在的问题，还针对潜在的问题，这是信息时代标准化的一个重大变化和显著特点。

2. 标准化的作用

所谓标准化，就是制定标准、实施标准并进行监督管理的过程。由于标准的应用十分广泛，标准化的作用也体现在方方面面。

（1）在保障健康、安全、环保等方面，标准化具有底线作用。国家制定强制性标准的目的，就是为了保障人身健康和生命财产安全、国家安全、生态环境安全。强制性标准制定得好不好，实施得到不到位，事关人民群众的切身利益。

（2）在促进经济转型升级、提质增效等方面，标准化具有规制作用。标准的本质是技术规范，在相应的范围内具有很强的影响力和约束力，许多产品和产业，任何一个关键指标的提升，都会带动企业和行业的技术改造和质量升级，甚至带来行业的洗牌。

（3）在促进科技成果转化、培育发展新经济等方面，标准化具有引领作用。过去是一般先有产品，后有标准，用标准来规范行业发展。而现在有一种新趋势是标准与技术和产品同步，甚至是先有标准才有相应的产品。创新与标准相结合，所产生的"乘数效应"能更好地推动科技成果向产业转化，形成强有力的增长动力，真正发挥创新驱动的作用。

（4）在促进国际贸易、技术交流等方面，标准化具有通行证作用。产品进入国际市场，首先要符合国际或其他国家的标准，同时标准也是贸易仲裁的依据，国际权威机构研究表明，标准和合格评定影响着 80% 的国际贸易。

三、标准体系概述

标准体系是由一定范围内的标准按其内在联系形成的科学的有机整体。依据标准化对象范围的不同，"一定范围"可划分为国际、国家、行业、地区、企业等；"有机整体"体现了标准体系内在联系性、完整性、系统性的特征。

1. 标准体系的特性

"我们把极其复杂的研制对象称为'系统'，即由若干相互作用和相互依赖的组成部分结合成的具有特定功能的有机整体。"这是钱学森对"系统"的定义，GB/T 13016—2018《标准体系构建原则和要求》中对"标准体系"的定义为："一定范围内的标准按其内在联系形成的科学的有机整体。"

从本质上说，标准体系是由标准构成的系统。标准体系与轿车、体育馆一样，都是人造系统。

（1）构建标准体系的必要性

1）现代化生产的相互配合需要标准体系

现代化的工程项目、行业或产业、企业生产经营等越来越复杂，分工越来越细，专业化程度很高。这需要参与各方相互配合，在技术上达成一致的协议。按照约定的尺寸、规格、协议、接口、方法等来进行分工，相互协作支持。相互协作和配合的技术依据就是标准。某一领域的标准需要集成起来，作为整体发挥作用，这就需要标准体系。

2）标准的复杂性和抽象性需要标准体系

标准从本质上说是一种文件，完成一件复杂工作（工程项目、行业或企业生产）需要一组相互关联的标准。这些标准可以是电子版，也可以是纸质版；可以在设计人员桌上，可以在车间工人手边；可以在检测中心，也可以在资料室中。标准在日常的生产运作过程中发挥着重要作用，它是通过整体发挥作用的。为了更好地对这个整体进行规划、实施、评价和改进，就需要用系统工程的方法，建立标准体系。

3）技术专业性和标准抽象性的结合需要标准体系

技术标准的制定一般需要很强的专业背景，由该领域的技术专家来牵头制定。技术标准代表着成熟的技术，或代表生产力的发展方向，或代表着产业利益，这就要求制定标准的技术专家，从技术水平、产业状况、生产能力、成本、效率等多种角度来统筹把握。另外，标准化要求在标准起草过程中，从有利于标准使用方相互协作和配合的角度对技术事项进行规定。同时不要限制达到某一效果的方法和方式。也就是说，标准在制定过程中，要求选取恰当的标准化对象，从恰当的角度规定技术要求。避免技术专家将标准写成技术说明书或技术手册。如果能从整体上规划该领域的标准体系结构及标准明细，则有利于标准的制定过程和标准质量。

（2）标准体系的层次性

系统可以由不同的子系统构成，子系统又分为次子系统，这称为系统的层次结构，图1-1为树状层次结构的系统。同样，标准体系也可以分为若干子体系，例如，企业标准体系可以按标准的类型分为技术标准体系、管理标准体系和工作标准体系；也可以按不同功能部门分为技术研发标准体系、生产制造标准体系、能源资源标准体系、质量管理标准体系等子体系。系统与子系统之间的关系是层次关系，对于标准体系来说，处于上一层次的标准一般意味着适用范围较广的通用性基础标准，处于下一层次的标准是适用范围较窄的专业性标准。

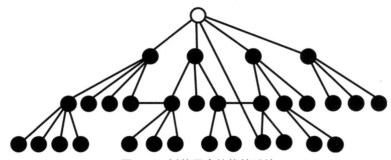

图1-1 树状层次结构的系统

（3）标准体系的目标性和主观性

标准体系作为人造系统，具有人造系统的特征。首先，标准体系具有目标性。

标准体系也是为了一定的目标而构造的，目标明确原则是编制标准体系表的首要原则。如果没有目标，那这个标准体系的设计、规划和建设，都缺乏了方向。没有方向和目标，标准体系建设就成了盲目的建设，是一种巨大浪费。其次，人造系统具有一定的主观性。为了不同的目标，人们可以构造不同的系统。因此，标准体系不是唯一的。对于规定的"现有数/应有数"的比例，也是根据不同目标设计标准体系的一个相对比例，并不是一个绝对的数字，用于反映当前标准体系与所规划标准体系的差距。

（4）标准体系的环境

标准体系都有一定的适用范围，就是标准体系存在的环境，标准体系的设计和规划，要充分考虑环境因素。通常来说，这些环境因素可以是行业或产业政策、相关的法律法规、企业方针或目标、应遵守或采纳的基础标准（包括国家基础标准和行业基础标准）。充分收集并考虑这些环境因素的影响和制约，是编制标准体系表、分析标准体系的基础工作。

（5）标准体系的系统模型

人造系统一般用于解决复杂问题，同时，为了对系统进行设计规划、研究、建设、运行监督、评价和改进，常会引入系统模型（例如结构图、明细表）作为辅助工具。

标准体系表是标准体系的系统模型。标准体系表是一定范围的标准体系内的标准按其内在联系排列起来的图表。标准体系表用于表达标准体系的构思、设想、整体规划，是表达标准体系概念的模型。标准体系表包括标准体系结构图、标准明细表、标准统计表和编制说明。标准体系结构图用于描述标准体系由哪些子体系组成，以及子体系之间的逻辑关系；标准体系可以从不同角度分解，以便从多方位对抽象的标准体系进行认识。为了对其进行更细致的表达，可以将标准体系结构图中的模块，分解为单个的标准，在标准明细表中进行汇总，列出标准编号、标准名称，标准的简要说明、性质、级别、起草单位等不同信息，使人们对标准体系概念有一个清晰的认识。

2. 标准体系的结构

标准是经济活动和社会发展的技术支撑，是国家治理体系和治理能力现代化的基础性制度。随着我国经济建设水平和国家治理能力的不断提升，标准的作用意义及效益日益凸显，对标准化的重视程度普遍提高。新修订的《中华人民共和国标准化法》（以下简称《标准化法》）的实施，为标准化的创新发展创造了契机，开辟了更加广阔的空间，提供了更加坚实的依据，我国的标准化事业迎来了全面蓬勃发展的最佳历史时期。标准体系是标准化的基础、先导和蓝图，以标准体系结构和标准体系表为主要表现形式；标准体系结构是标准体系的"骨架"，一般以框图为表征；标准体系结构设计既是标准体系建设的核心，也是标准体系表设计的前提和依据。然而，相对于标准化的蓬勃发展和社会对标准的迫切需求，标准体系研究，尤其是标准体系结构设计，尚未形成具有普遍指导意见的规律、原理与方法，制约了标准化工作质量和标准化学科专业建设。

3. 标准体系的特征

标准体系具有 6 个特征，即集合性、目标性、可分解性、相关性、整体性、环境适应性。

（1）集合性

标准体系是由两个以上的可以相互区别的单元有机地结合起来完成某一功能的综合体，随着现代社会的发展，标准体系的集合性日益明显，任何一个孤立标准几乎很难独自发挥效应。

（2）目标性

标准体系实质上是标准的逻辑组合，是为使标准化对象具备一定的功能和特征而进行的组合。从这个层面上讲，体系内各个标准都是为了一个共同的功能形成的，而非各子系统功能的简单叠加。

（3）可分解性

为保证标准体系的有效性，体系就必须具备可分解性。标准在大多数情况下只是某一技术水准、管理水平和经验的反映，具有一定的先进性。但随着各方面情况的发展，标准对象的变化、技术或者管理水平的提升都要求制定或修订相关标准，这就要求对标准进行分解，以便对标准进行维护，包括修改、修订、废止等操作。

（4）相关性

标准体系内各单元相互联系又相互作用，相互制约又相互依赖，它们之间任何一个发生变化，其他有关单元都要相应地调整和改变。

（5）整体性

标准体系是构建标准体系的一个主要出发点。在一个标准体系中，标准的效应除了直接产生于各个标准自身之外，还需要从构成该标准体系的标准集合之间的相互作用中得到。构成标准体系的各标准，并不是独立的要素，标准之间相互联系、相互作用、相互约束、相互补充，从而构成一个完整统一体。

（6）环境适应性

标准体系存在于一定的经济体制和社会政治环境之中，它必然要受经济体制和社会政治环境的影响、制约，因此，它必须适应一定的经济体制和社会政治环境。

四、油气管道标准体系现状

目前油气管道行业形成了以全国石油天然气标准化技术委员会为主体的国家标准、行业标准和企业标准共存、发展的局面。目前，我国油气管道行业已经构建起了涵盖设计、施工、验收到运行管理、维修维护、报废封存的全生命周期范围内，涉及工艺、防腐、完整性、机电、自动化、计量、信息安全、环保等近20个专业技术领域的技术标准体系，在生产管理实践中发挥了巨大的指导和保障作用。

从专业角度看，油气管道标准包括建设与运行总则、管道线路、穿跨越、总图及运输、站场工艺、仪表自动化、通信、电气、防腐保温、建筑与结构、机械设备、供热通风、给排水、焊接、节能、HSE、消防和完整性等18个专业方向，其中站场工艺专业标准最多，为11项，其余标准数量较多的专业主要有机械设备、电气和防腐保温等。

油气管道属于交叉学科，涉及工艺运行、电气、机械设备、自动化通信等多个专业。油气管道相关标准主要包括国家标准、行业标准和企业标准。油气管道国家标准主要包括强制性国家标准（GB）、推荐性国家标准（GB/T）、国家计量检定规程（JJG）和国家计量技术规范（JJF）；行业标准主要包括石油行业标准（SY）、石化行业标准（SH）、化工行业标准（HG）、安全行业标准（AQ）、电力行业标准（DL）等；企业标准是企业制定的在企业内部执行的标准，例如，中国石油企业标准（Q/SY）、中国石化企业标准（Q/SHS）、中国海油企业标准（Q/HS）。国家标准和行业标准是公开标准，企业标准一般不公开，在企业内部使用。2018年年底，在国际标准和行业标准层面，我国油气管道相关标准共有565项，包括302项国家标准、193项石油行业标准，以及70项其他行业标准，组成分布见图1-2，各类标准数量统计见图1-3。

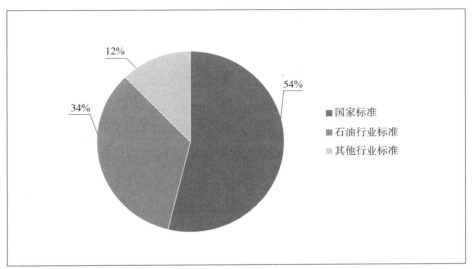

图 1-2 油气管道国家和行业标准分布现状

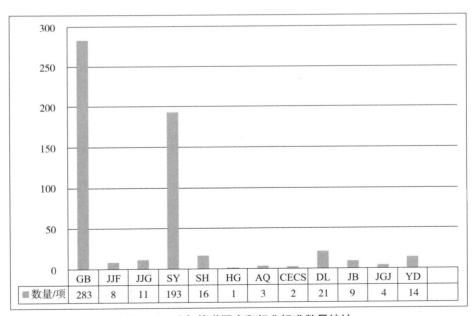

图 1-3 油气管道国家和行业标准数量统计

各专业标准统计数量见图 1-4。

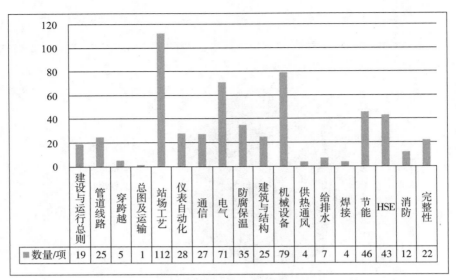

图1-4   油气管道各专业标准数量统计

（1）国家标准与规程、规范

油气管道相关国家标准与规程主要包括强制性国家标准、推荐性国家标准、国家计量检定规程和国家计量技术规范，组成分布见图1-5。

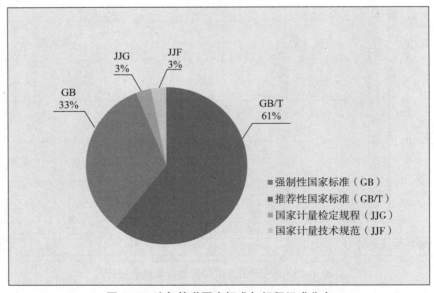

图1-5   油气管道国家标准与规程组成分布

根据图1-5中国家标准与规程的分布可以看出，我国油气管道国家标准还是以推荐性标准为主，占标准与规程总数的61%；我国油气管道强制性国家标准主要集中在建设、电气、消防等专业，占标准与规程、规范总数的 33%。

油气管道相关推荐性国家标准有 184 项，各专业分布及数量见图 1-6；强制性国家标准有 99 项，各专业分布及数量见图 1-7。

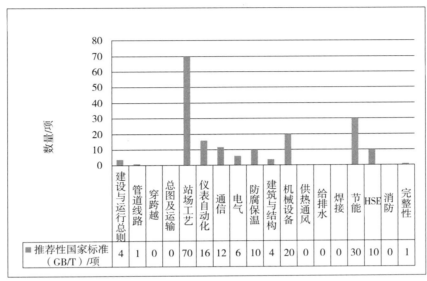

图 1-6　油气管道推荐性国家标准现状

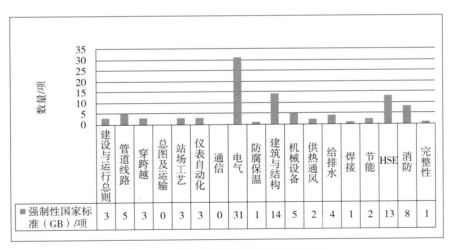

图 1-7　油气管道强制性国家标准现状

国家计量检定规程规定了计量检定时计量器具的适用范围、计量特性、检定项目、检定条件、检定方法、检定周期以及检定数据处理等技术要求，是判定计量器具是否合格的法定技术条件，也是计量监督人员对计量器具实施计量监督、计量检定人员执行检定任务的法定依据。国家计量技术规范，指国家计量检定系统和国家计量检定规程所不能包含的其他具综合性、基础性的计量技术要求和技术管理方面的规定。油气管道的 JJG 规程有 11 项，主要分布在站场工艺、仪表自动化、电气和 HSE 专业，分布见图 1-8；JJF 规范有 8 项，主要分布在站场工艺和仪表自动化专业，分布见图 1-9。

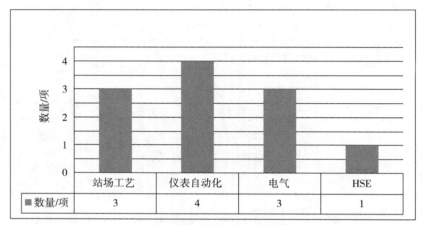

图 1-8　油气管道 JJG 规程分布

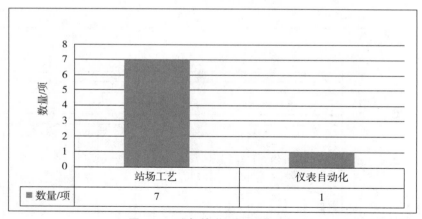

图 1-9　油气管道 JJF 规范分布

（2）行业标准

油气管道相关行业标准共有 263 项，其中包括 193 项石油行业标准，以及 70 项电力、安全、邮电等其他行业标准，具体分布见图 1-10。

油气管道相关行业标准中，推荐性行业标准共有 217 项，具体分布见图 1-11；强制性行业标准主要分布在安全、电力、消防等领域，有 46 项，具体分布见图 1-12。

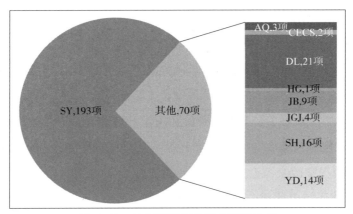

图 1-10 油气管道相关行业标准分布

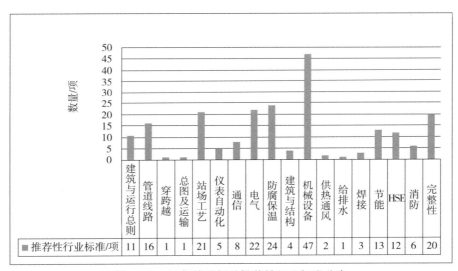

图 1-11 油气管道相关推荐性行业标准分布

	建筑与运行总则	管道线路	穿跨越	总图及运输	站场工艺	仪表自动化	通信	电气	防腐保温	建筑与结构	机械设备	供热通风	给排水	焊接	节能	HSE	消防	完整性
推荐性行业标准/项	11	16	1	1	21	5	8	22	24	4	47	2	1	3	13	12	6	20

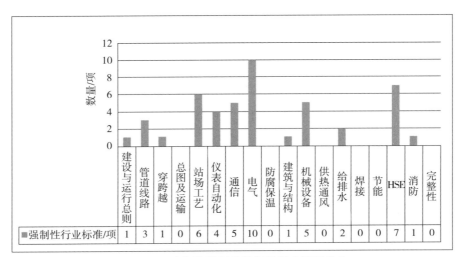

	建设与运行总则	管道线路	穿跨越	总图及运输	站场工艺	仪表自动化	通信	电气	防腐保温	建筑与结构	机械设备	供热通风	给排水	焊接	节能	HSE	消防	完整性
强制性行业标准/项	1	3	1	0	6	4	5	10	0	1	5	0	2	0	0	7	1	0

图 1-12 油气管道相关强制性行业标准分布

（3）特种设备标准

根据 2013 年颁布的《中华人民共和国特种设备安全法》，压力管道属于特种设备范畴，根据该法第二条规定："特种设备的生产（包括设计、制造、安装、改造、修理）、经营、使用、检验、检测和特种设备安全的监督管理，适用本法。"

2014 年 10 月，国务院安全生产委员会决定开展油气输送管道隐患整治攻坚战，中国特种设备检测研究院参加由国家质检总局与国家安全生产监督管理总局召开的油气输送管道隐患整改交流会，会议就加强沟通与合作，共同推进油气储运管道隐患整改攻坚战顺利完成达成一致意见。2015 年 1 月 26 日，经国家质检总局党组会议研究决定，成立"国家质量监督检验检疫总局压力管道安全技术中心"，开展压力管道安全监管政策与监管体系研究、技术规范与技术标准起草、安全保障技术研究和评审交流等工作，为压力管道安全保障、隐患治理提供系统解决方案，为国家质检总局开展的压力管道质量监督、安全检查、风险评估、隐患整治、事故调查等工作提供技术支撑。

目前特种设备相关工作主要集中在管道检验检测领域，主要涉及以下相关标准，见表 1-2。

表 1-2　部分特种设备相关标准现状

序号	标准编号	标准名称
1	TSG Z7001	特种设备检验检测机构核准规则
2	TSG D7002	压力管道元件型式试验规则
3	TSG D7003	压力管道定期检验规则　长输（油气）管道
4	TSG Z7004	特种设备型式试验机构核准规则
5	TSG Z7005	特种设备无损检测机构核准规则

近年来，随着我国油气管道建设的蓬勃发展，油气管道安全问题得到了有效重视，行业标准化建设不断完善健全，对保护人民安全健康和社会财产安全起到了有力的保障作用。但同时随着标准化改革、技术发展以及新的标准化需求，我国的油气管道行业标准建设仍任重而道远。

五、油气管道企业标准体系现状

企业是市场的主体，作为企业核心技术的载体，标准成为企业参与竞争抢占市场的武器。覆盖企业全部生产业务的所有技术标准构成的企业标准体系，是企业核心竞争力的集中体现。企业标准体系建设模式是企业标准体系水平高低的重要决定因素之一，一套科学合理的标准体系建设模式需要理论的支撑。油气管道标准化原理研究较少，一方面在开展企业标准体系建设过程中，缺少专业理论的指导，另一方面，缺少研究建立企业标准体系建设理论的空间。

社会的飞速发展形成了庞大复杂的现代产业体系，目前的标准化发展也十分复杂，且区分了多个细分方向。结合标准分类可以看出，无论是国际标准、区域标准、国家标准、行业标准、地方标准、企业标准，还是产品标准、服务标准、监督标准等，都形成了相应的研究群体。其中，企业标准应作为标准化发展的重点方向开展研究，一方面企业标准化水平的普遍提升是行业乃至国家标准化水平提升的基础；另一方面，企业是市场的主体，企业的标准化需求和发展最能体现时代和社会发展的方向。如何发挥企业在国家标准化中的主体作用，关键在于企业标准化体系建设。与产品标准、服务标准等特点不同，企业标准体系建设具有很大的复杂性，这是由企业自身的复杂性决定的。

长期以来，我国企业标准体系的建设主要是使用国家标准、行业标准和企业标准混编在一起而成的"标准集合"，标准体系呈扁平式结构，标准水平参差不齐。国家标准更多是针对需要在全国范围内统一的技术要求而制定的，在一定程度上技术要求偏低，但是企业认可度高。行业标准主要针对国家标准未涉及而有需要在全国某个行业范围内统一制定技术要求，具有行业的权威性。国家鼓励企业制定严于国家标准或者行业标准的企业标准，在企业内部使用，但是我国企业标准体系中大多依赖并直接使用国家标准、行业标准，在代表企业先进技术水平的企业标准制定方面下的力度不够大，特别是工程建设标准少之又少，使得企业标准没有充分发挥提升企业技术水平的作用。同时，国家标准、行业标准、企业标准的混合使用，数量多、内容繁杂，给执行标准造成不便，也容易产生重复、交叉、不一致甚至矛盾等问题。具体表现在：一是标准交叉、重复、矛盾，不利于统一市场体系的建立。标准是生产经营活动的依据，是重要的市场规则，必须增强统一性和权威性。目前，现行国家标准、行业标准、企业标准、地方标准中，仅仅是名字相同的标准就有近千项，有些标准技术指标不一致甚至冲突，既造成企业执行标准困难，也造成政府部门制定标准的资源浪费和执法尺度不一。特别是涉及健康、安全、环保的强制性标准，其制定主体多，28 个部门和 31 个省（自治区、直辖市）均可制定发布行业标准和地方标准；另外，标准数量庞大，强制性国家标准、行业标准、地方标准三级标准有万余项，缺乏强有力的组织协调，交叉重复的矛盾难以避免。二是标准体系不够合理，不适应社会主义市场经济发展的要求。国家标准、行业标准、地方标准均由政府主导制定，且70%为一般性产品和服务标准，这些标准中许多项应由市场主体遵循市场规律制定，而目前我国市场自主制定、快速反映需求的标准不能有效供给。三是我国标准化发展水平相对不高。我国企业的标准体系建设主要是国家标准、行业标准和企业标准混编在一起而形成的"标准集合"。这种模式存在一定弊端，例如，标准化计划不能充分反映企业的需要，制定或纳入了大量不重要甚至无用的标准，不仅容易产生轻重不分、主体混淆的弊病，还会导致片面追求标准数量而忽视标准质量。标准体系的整体水平较低，仅以达到国家标准和行业标准要求为目的，所以企业的整体标准技术水平较低；由不同部门、不同行业、不同标委会制定的标准组成的标准体系，容易造成标准间不协调、不统一的问题。综上所述，这种模式已经落后，需要探索新的模式。

我国当前企业标准体系建设模式中的弊端：一是标准缺失、老化、滞后，难以满足经济提质增效升级的需求。现代农业和服务业标准仍然很少，社会管理和公共服务标准刚刚起步，即使在标准相对完备的工业领域，标准缺失现象也不同程度存在。特别是当前节能降耗、新型城镇化、信息化和工业化融合、电子商务、商贸物流等领域对标准的需求十分旺盛，但标准供给仍有较大缺口。我国国家标准制定周期平均为3年，远远落后于产业快速发展的需要，标准更新速度缓慢。标准整体水平不高，难以支撑经济转型升级。我国主导制定的国际标准仅占国际标准总数的0.5%。

综上，企业是由众多要素组成的复杂系统。复杂系统的特征之一是元素数目很多，且其间存在着强烈的耦合作用。复杂系统有各种小的系统组成，例如生态系统是由各个种群、各种生物组成的。管理学中，经常把一个企业看作是复杂系统。因此，基于目前企业标准体系建设情况，企业标准体系不能是由若干单项标准简单机械组成，而是必须覆盖企业所有的要素，并且标准之间应该形成内在耦合作用决定的关联关系，才能有效地指导企业运营。我们必须清晰地认识到，标准对产业的支撑作用，不是体现在标准的数量上，而是体现在标准之间相互关联形成的协调合力对产业发展的有力支撑。有机关联关系正是构建企业标准体系过程中最值得探索之处，然而目前标准化理论的探索大多集中在应用层面以及简单的思想认识层面，比如企业标准体系表的构建、标准文本的编制等，对于如何从企业系统本身出发研究其标准化特性和标准化规律，通过建立合理的标准化过程进而建立有内在联系的标准体系，尚属空白。尤其是针对工程类大型企业，如油气管道企业，结合企业实际业务、标准化现状及改革需求，探索企业标准体系构建的内在标准化规律，建立一套适用于复杂系统类企业标准体系建设的理论，具有重要的意义。

油气管道企业作为一个复杂的系统，工程方面涉及工艺、防腐、自动化、通信、机械、电力、计量、安全、材料等多个专业，同时油气管道从设计、采办、施工、投产、运营、维护到报废全生命周期中均需要用到不同领域的标准。油气管道企业标准体系中，使用石油行业以外的其他行业标准比例占到了 50% 以上，企业标准中使用其他专业标准化委员会归口管理标准的比例约占 25%。标准的制定和使用分属不同的部门，在没有建立有效协调机制并涉及部门利益的前提下，必然会出现标准内容不统一、不协调的问题，突出表现为工程建设与运行管理标准的协调衔接问题，主要表现为以下三个方面。

（1）设计不能满足实际生产需求。例如部分油气管道在管道设计、站场选址中缺乏对沿线地势及周边环境情况的充分考虑，设计地区等级不能满足实际需要，为后期施工、运行均带来了不良影响等。

（2）施工验收标准的缺失或者低要求造成施工质量问题。例如现行管道施工验收检测标准要求低于运行时的检测标准要求，对某油气管道公司运营的 418km 管道进行了漏磁检测，将监测数据与行业标准 SY/T 4109—2013《石油天然气钢制管道无损检测》对照分析后，发现有 376 处环焊缝存在不符合规范的缺陷，给管道的安全平稳运行带来了极大的隐患。

（3）设备质量标准低造成管道运行管理的障碍和不便。例如运营单位在运行中发现设备采购标准低、质量性能方面不达标、安装不符合规范要求以及设备的操作方向、操作位置、维护修理空间不能满足运行管理需要等。

因此，虽然目前油气管道企业均已建立各自的标准体系，但从顶层设计上说，目前标准体系缺少统筹性的基础通用型标准，难以形成构建大型管网的全局意识，导致管道设计、建设、运行时部分环节存在不协调，不能很好地体现标准一体化管理。从单个标准来说，由于管理理念及各企业各专业标准化委员会设置交叉导致目前油气管道标准较多，管道设计、施工和运行标准均分开编写，存在大量标准内容重复甚至矛盾的问题，并且部分标准发布后极少使用，存在大量"僵尸"标准，难以纳入标准体系。因此，随着油气管网改革，有必要研究建立完善的油气管道企业标准体系，促进油气管道业务高质量发展。

第二章 标准体系建设相关理论

第一节 系统工程理论

一、概述

系统工程是从整体出发，以确定的系统为对象，将所要研究、管理和处理的对象作为一个有机组成的统一整体，合理规划、开发管理及保障一个大规模复杂系统所需思想与技术的总称。它在我国许多生产领域得到了广泛的应用，例如，经济管理与理工研发领域，致力于取得经济上合算、运行中可靠、技术上先进与时间上最省的良好结果，它是解决工程活动全过程的技术，具有普遍的适用性。再者，掌握了相关的系统工程理论与方法技术不仅能高效率地解决生产技术管理中的难点，还有利于提高企业的社会经济效益。系统工程注重通观全局，倾向于用数学方法和电子计算机对各个环节的各种影响因素进行精确分析，同时兼顾研究方法的整体化与研究内容的多领域、多学科化。

系统理论是研究系统的一般模式、结构和规律的学问，它研究各种系统的共同特征，用数学方法定量地描述其功能，寻求并确立适用于一切系统的原理、原则和数学模型，是具有逻辑和数学性质的一门新兴学科。系统理论是研究系统的一般模式。系统论的基本思想就是把所研究和处理的对象，当作一个系统，分析系统的结构和功能，研究系统、要素、环境三者的相互关系和变动的规律性，并以系统观点看问题，即世界上任何事物都可以看成一个系统，系统是普遍存在的。系统理论是研究系统、标准化对象与一体化标准之间的相互关系，从而建立标准综合体的有效方法。

二、基本特征

系统理论认为，整体性、关联性、等级结构性、动态平衡性、时序性等是所有系统共同的基本特征。这些既是系统所具有的基本思想观点，也是系统方法的基本原则，表明了系统理论不仅反映客观规律的科学理论，还具有科学方法论的含义，这正是系统理论这门科学的特点。系统工程的过程与方法见图2-1。

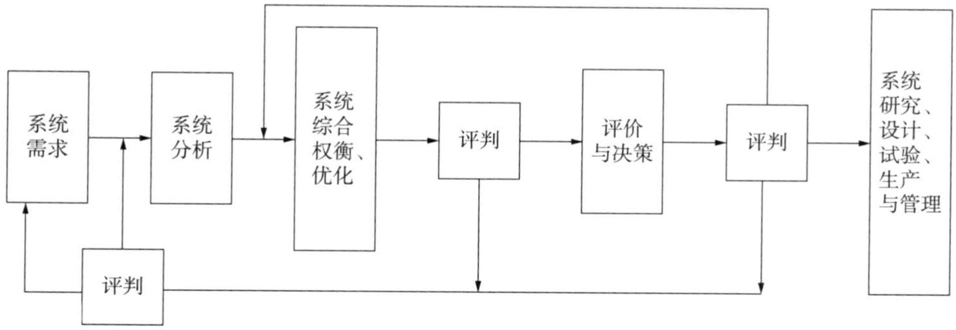

图 2-1　系统工程的过程与方法

　　整体性原则是系统科学方法论的首要原则。主要思想为：世界是关系的集合体，不存在所谓不可分析的终极单元；关系对于关系物是内在的，而非外在的。整体性原则要求我们必须从非线性作用的普遍性出发，始终立足于整体，通过对部分之间、整体与部分之间、系统与环境之间复杂的相互作用、相互联系的考察达到整体把握。掌握系统论的整体性原则，要求我们在工作和生活中重视整体效应。所谓整体效应，首先，要把着眼点移到系统整体上来，把具体事物放在系统整体中来考察。比如要搞好一个单位，不能孤立地处理每个部门的问题，而要立足全局，找出关键问题，不是先改善系统的要素，而是先改善系统的结构，从而带动要素的改善。其次，重视整体效应要求在必要时舍弃部分保存整体。部分服从整体，整体保存、发展才有部分的保存发展。必须克服只顾部分，不顾整体的分散主义。重视整体效应，还必须处理好各部分的比例关系。系统整体规定着各要素之间的关系，不能随意破坏这种关系，这样才能获得最佳的整体效应。比如施肥，绝不是越多越好，多了不但浪费，而且会造成减产。各种肥料也应有一定比例，才能适合作物生长的需要。随意乱施，也会影响效果。

　　系统理论第二个方面的内容是动态演化原理或过程原理。系统科学的动态演化原理的基本内容可概括如下：一切实际系统由于其内外部联系存在复杂的相互作用，总是处于无序与有序、平衡与非平衡相互转化的运动变化之中，任何系统都要经历一个发生、维生、消亡的不可逆的演化过程。也就是说，系统存在的本质是一个动态过程，系统结构不过是动态过程的外部表现。而任一系统作为过程又构成更大过程的一个环节、一个阶段。系统存在的各种联系方式的总和构成系统的结构。系统结构的直接内容就是系统要素之间的联系方式；进一步来看，任何系统要素本身也同样是一个系统，要素作为系统构成原系统的子系统，子系统又必然为次子系统构成，如此，次子系统→子系统→系统之间构成一种层次递进关系。因而，系统结构另一个方面的重要内容就是系统的层次结构。系统的结构特性可称之为等级层次原理。与一个系统相关联的、系统的构成关系不再起作用的外部存在称为系统的环境。系统相对于环境的变化称为系统的行为，系统相对于环境表现出来的性质称为系统的性能。系统行为所引起的环境变化，称为系统的功能。系统功能由元素、结构和环境三者共同决定。相对于环境而言，系统是封闭性和开放性的统一。这使系统在与环境不停地进行物质、能量和信息交换中保持自身存在的连续性。系统与环境的相互作用使二者组成一个更大的、更高等级的系统。

系统工程理论是组织管理系统的规划、研究、设计、制造、试验和使用的科学方法，是从系统整体出发，根据总体协调的需要，综合运用有关科学理论与方法，进行系统结构与功能分析，以求得最好的或满意的系统方案并付诸实施，从整体上研究和解决问题。因此系统工程理论是对系统本身进行优化改造的理论。

三、方法学

结构方法与功能方法是系统方法的两个基本组成部分。这两种方法从不同侧面把握住了事物的本质。

结构方法是对系统的横断面、静态的掌握。系统的性质是由结构决定的，要素由结构联结成系统整体，结构又把要素分成若干层次，因此，结构是系统的关键。从结构上掌握系统就是弄清楚系统的要素，以及它们之间的关系、层次，从而掌握系统整体和未来。结构方法还可以由系统的现在推知系统的未来。我们知道了系统的要素、结构、层次以及系统的现状，那么系统的发展可以从结构演化的可能性中判断出来。结构可以有不同的转化可能，如果把环境的作用因素考虑进去，那么转化的方向就是确定的。例如一个年轻人聪明、有领导组织才能、敢想敢干，这是其基本的气质结构，他可能成为杰出的领袖人物，也可能变成著名的坏蛋，如果考虑其各方面的成长环境，假如有很好的社会和家庭教养，那么他就非常可能成为杰出的领袖人物。马克思的历史唯物主义理论杰出地运用了结构方法，从而对人类社会形态及其发展演变做出了科学的预判。我们从系统方法的角度对历史唯物主义重新阐述，有助于更深刻地理解结构方法。

功能方法是研究系统的行为方式，也就是系统活动的过程、能力、作用等方面，它不是对系统自身组织（要素、结构、层次）的考察，而是对系统外部联系的研究，因而是一种动态的、纵向的研究方法。人们在认识世界时往往是先在功能方面加以掌握，然后再掌握其内部结构。我们在日常生活和工作中，经常应用功能方法。比如工人不懂机器原理，但仍然可以学会使用机器；司机不懂汽车构造原理，仍然可以开汽车。他们遵循的不是构造理论，而是使用经验和操作规程。当然，掌握系统的结构有助于更好地掌握其功能，但这里强调的是功能方法的相对独立性。功能方法是系统方法的特例，在结构方法无能为力的地方，功能方法却可以施展身手，它根据系统对环境影响的接收和结果，即系统的输入和输出，就可以掌握系统的行为方式即过程、作用和能力。掌握了系统活动的模式，就可以避开系统的结构，以控制系统的行为。

结构方法和功能方法从横向与纵向、静态与动态的不同角度掌握了系统的性质和规律，二者互相补充，形成完整的系统方法。

第二节　综合标准化思想

一、概述

综合标准化是运用系统观点和系统方法制定并实施标准的一种方法，是系统工程科学在标准化领域具体应用的产物，适用于解决复杂系统的标准化问题。综合标准化思想起源于 20 世纪 30 年代的苏联，当时是为了解决标准制修订工作分散、孤立和滞后的问题，发挥标准化在总体方案论证与总体设计上的指导和保障作用而提出并实行的。其目标是追求整体最佳效益，紧紧围绕系统要求，对标准化所涉及全部要素进行分析、评价、综合和跨行业、跨专业的全面协调，有秩序、有步骤地制定一整套相互协调的标准规范，建立条理清晰、配套完善的标准体系。

关于综合标准化思想，苏联著名标准化学者 A.K.加斯切夫早在 1933 年就提出了在目标性与综合性原理的基础上开展标准化的主张。例如，他指出了标准的相关性问题，大量成组标准协调一致的必要性问题。"在这方面，标准具有相关目标的意义，即一个环节的修订应该明显地影响整个一组标准，这样的标准系列，对其中的任何一个标准的变更都是一个十分敏感的综合体。"然而，这种思想在当时并没有在确定标准化方法学中加以应用，主要原因是缺少经验和理论的指导。人类社会的实践已无数次地证明，经验的积累和理论的指导，二者缺一不可。直到现在，当我们不仅有了别人的经验而且还有了自己的经验时，对综合标准化进行理性思考和理论概括的任务才提上日程。

具体而言，综合标准化是指在标准化活动中，以系统的观点对标准化对象进行分析，根据既定的目标，规划必要的标准项目，经过协调、优化后，有组织、有步骤地加以实施的一种标准化形式。实践证明，与传统标准化相比，综合标准化具有很多优点（见表 2-1）。传统标准化是从无到有，以量的积累为特征的过程；综合标准化是质的飞跃，以大规模地应用标准来处理重大问题或复杂系统为特征的过程。当然，没有量的积累，便不可能有质的飞跃。同样，没有质的飞跃，量的积累也就失去了意义。综合标准化不是对传统标准化的否定，是标准化方法的新发展，是标准化发展的新阶段。说综合标准化是质的飞跃，意味着它与传统标准化有质的区别，把握这些区别对掌握和运用综合标准化是有帮助的。

表 2-1　综合标准化与传统标准化的区别

	综合标准化	传统标准化
出发点	针对综合性（跨行业、跨部门）问题	针对个别、具体问题
目的性	明确、集中（众多标准为达到一个目的）	有目的，但互不相同
目标性	有总目标和分解目标，形成目标体系	个别标准有目标，但标准间无目标关联
制标方式	成套制定	单个或成系列制定
协调方式	集中、统一、整体协调，重在参数、功能	个别、分散协调，重在不矛盾、不重复
计划性	计划性极强（既有先后次序又有时限）	个别标准有计划（仅限于制定）
应用性	重在应用并追求应用效果—应用主导型	重制定、轻实施—制定主导型
反馈机制	有反馈机制	无反馈机制
过程特点	闭环控制（制定—实施—检查—反馈—改进—效果—验收）	开环控制（无反馈、无跟踪、无验收考核），不停地制定
参数最佳	易于实现（集中、统一、整体协调）	难于实现（不同时期的标准事后协调代价高）
系统性	系统性强（要素与主体、要素间关联性强）	系统性弱（标准之间关联差或无关联）

表 2-1（续）

	综合标准化	传统标准化
实用性	实用性极强（尤其对重大复杂项目）	标准系统日益复杂、庞大、使用和更新不便
效益	明显（目标内容），通常可以计量	有效益，但不易显现、不易计量
难度	难度大、工作量大，且有风险	难度、工作量相对较小，风险少或无风险

综合标准化与传统标准化的区别，充分显示了综合标准化的系统属性，标志着标准化由个体水平上升到了系统水平，也标志着标准化进入了一个新的、更高级的发展阶段。上述的区别只是相对而言，并不意味着开展综合标准化就不再单个、零星地制定标准了；也不意味着传统标准化活动就绝对不存在系统思想、不从系统整体考虑问题，在实践中二者常常是相互渗透的。

综合标准化对象本身构成的系统由三部分组成：作为最终产品的标准化主体对象；构成最终产品各组成部分的物质要素的标准化对象；保证最终产品性能的非物质性要素的标准化对象（图 2-2）。

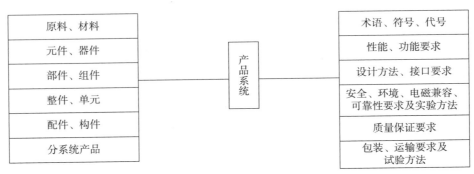

图 2-2 综合标准化对象系统示意图

综合标准化作为一种方法，实际上就是系统方法在标准化活动中的灵活应用，综合标准化不是以制定标准、建立标准系统为目的，它建立标准系统的目的是要实现总体优化的目标。

二、特征

1. 目标性

人类从事的标准化活动都是有目的的活动，这个目的也可以叫作目标。标准化目标的实现一般表现为质量和效益。就目标来说，可以有整体目标与局部目标之分。同样，效益也可区分为整体效益与局部效益。

推行综合标准化不但能确保总体目标实现，而且能确保支撑总体目标的局部目标实现，进而实现总体功能和效益。对象不同，综合标准化的目标肯定会有差异，但有一点是可以肯定的，即综合标准化的共同目标在于提高标准化对象及相关要素的技术水平和质量水平，同时建立起一套适应某一类产品发展需要的标准体系。因此，开展综合标准化首先必须进行论证，确定综合标准化要求达到的目标以及制定和贯彻的各级标准的数量、水平及构成。这些内容都应明确，力求定量化，具有可检查性。

例如，彩电综合标准化从一开始就规定了两个明确的指标，即在使用符合标准的国产元器件和配套件的前提下，整机平均无故障时间（MTBF）下限在 15000h 和整机装配直通率不低于 90%。用这两个集中反映彩电生产和使用质量水平的指标作为彩电综合标准化的目标，既抓住了要害，又便于检验查证。其他要素也按整机目标规定了各自的目标。

2. 整体性

综合标准化的整体性是建立在系统理论的基础之上的。它把标准化对象看作是一个系统，这个对象如果是产品，这个产品就可看作是系统整体，它的各个功能单元，便是这个系统的功能子系统，即整体的部分。在对上述系统整体和子系统以及各子系统之间关系进行分析并掌握其内在联系的基础上，制定出一整套正确反映并保证这种关系和联系的标准，统一组织实施，得到最理想的整体效果，这就是从系统理论中派生出来的综合标准化的基本思路。

综合标准化的整体性，一方面表现在它是针对标准化对象提出的一整套有关主体对象和相关要素的标准，并把它们作为一个整体系统，用系统科学的观点去认识和处理系统与要素、要素与要素之间的关系，用系统工程的方法去组织、制定和实施；另一方面表现在它注重系统效应的整体性，即强调标准综合体每一组成部分（标准）的先进性、可操作性和作用，而且注重标准系统总体结构协调与优化和扩展延伸性，使得技术、经济和社会效益最佳。

3. 协调性

在综合标准化活动中，最困难、最复杂、最大的问题是处理上述系统整体和部分以及各部分之间的关系问题，也就是我们通常所说的标准的协调问题。

综合标准化在处理整体和部分的关系时，强调整体不是部分的机械组合，也不是各个部分的纯线性排列，它是各个部分的综合，是多种关系的统一与协调。在整体中各个部分之间存在着多种多样的相互作用和广泛的联系，从而产生某种协同效应。这时，整体就会具有各个部分在孤立状态下所不具备的特征，这就是整体性特征。综合标准化过程中，无论是计划大纲的编制，还是确立标准综合体，以及在此期间所进行的大量的分析研究和协调、优化工作。这些都是在处理整体与部分的关系，以及部分与部分的关系，力求实现最佳的整体特性。

4. 动态性

动态性表现在三个方面：其一，为了确定综合标准化的预定目标，必须在分析国内外同类产品水平和生产技术水平的基础上，运用预测技术初步确定总体目标，并随着技术的发展和用户的需求动态地调整总体目标，直至最后确定。这实际上是一种超前作用。需要指出，这方面的动态调整不是不停顿地进行，应是阶段性地，通常在方案论证到立项阶段进行。其二，标准化对象的各相关部分动态调整性较大，特别是电子元器件发展极为迅速，新产品不断涌现，在保证功能的前提下，以新替旧是必然趋势，所以相应标准亦应作动态调整，这方面的调整相对比较频繁。其三，计划的动态调整，计划常常具有预测性，在执行时实际与计划往往不可能一致，再加上综合标准化这样一个系统哪一个环节也不能少，否则总体目标难以实现，所以计划的动态调整是必不可少的。此外，随着客观情况的变化和经验的积累，动态地调整计划也是必然的。

总的来说，综合标准化的突出特征是它的目标性与整体性。综合标准化所建立的标准综合体具备系统的基本特征，能够充分发挥其系统效应。综合标准化是从传统标准化发展过来的，它同传统标准化既有联系又有区别，最主要的区别就是它的着眼点是建立一个解决具体问题、实现特定目标的标准系统。这个系统称作标准综合体，它的形成过程以及结构和功能都是在系统思想指导下完成的，具有典型的系统属性。因此，综合标准化使标准化由个体水平上升到系统水平。

三、分类及原则

1. 分类

综合标准化可按照范围、综合对象、综合深度的组合进行分类，通常构成如图 2-3 所示的三维坐标。

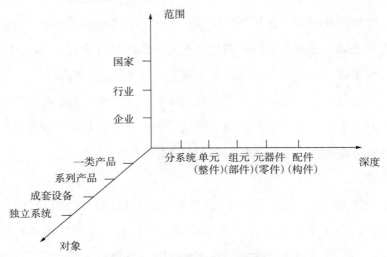

图2-3　综合标准化分类示意图

在图2-3中，对象轴表示标准化主体对象的分类，它们可以是一类产品，也可以是系列产品或独立系统；深度轴表示物质性要素的标准化对象经逐级分解而形成的横向类别。深度不同的标准综合体大小亦不同。范围轴表示综合标准化开展的级别，如果涉及行业或部门较多，就是国家级的，如果仅涉及一个行业，就是行业级的。

综合标准化对象选定后，就可按实际需要确定范围与深度。在电子行业综合标准化的实践中，通常是在对象确定后，只考虑深度这一因素。由此可将综合标准化分成两种类型：

（1）全面型综合标准化，即将标准化主体对象和大部分相关要素进行标准化。大部分相关要素一般是对主体对象的性能有直接影响的要素。

（2）局部型综合标准化，即将标准化主体对象和关键相关要素进行标准化。关键相关要素是对主体对象的性能起决定性作用的要素。

2. 基本原则

开展各类标准化对象的综合标准化活动，一般应该遵循以下基本原则：

（1）把综合标准化对象及其相关要素作为一个系统开展标准化工作；

（2）综合标准化对象及其相关要素的范围应明确并相对完整；

（3）综合标准化的全过程应有计划、有组织地进行；

（4）以系统的整体效益（包括技术、经济、社会三方面的综合效益）最佳为目标，局部效益服从整体效益；

（5）标准综合体的标准之间应贯彻低层次服从高层次的要求；

（6）单项标准服从标准综合体的要求，原材料标准服从零部件、元器件标准的要求，零部件、元器件标准服从成品、装置和整机标准的要求，制造服从使用的要求；

（7）充分选用现行标准，必要时可对现行标准提出修订或补充要求；

（8）标准综合体内各项标准的制定及实施应相互配合；

（9）根据标准化对象的内在联系和实现整体最佳目标的需要，从全局出发，各部门、各行业要密切配合，协调行动。

四、一般过程

综合标准化是一项标准化系统工程，不仅要有组织、有计划地进行，而且须遵照必要的程序有步骤地推进，整个过程通常包括以下几个阶段。

1. 准备阶段

准备阶段要考虑很多问题，其中最重要的两个环节是确定综合标准化对象和建立协调机构。一是确定综合标准化对象，这是综合服务标准化工作的首要环节。在选择和确定对象时通常要以"是否有意义""是否有必要""是否有可能"等方面认真权衡，选择既有重要意义又必须运用综合标准化的方法广泛协调才能成功的对象，同时，要进行必要的可行性分析。二是建立协调机构，这是综合标准化得以有组织、有领导地开展的保证。综合标准化项目大多是跨行业、跨部门、跨学科的复杂课题，这类问题常常需要多方配合、通力合作、广泛协调才能解决。协调机构的组成一般应与该项目实施所涉及的部门、行业或单位相对应，自始至终担当着该项标准化活动的组织指挥协调职能，并负责进行组织实施工作。

2. 规划阶段

规划阶段的主要工作是确定目标和编制标准综合体规划。一是要确定目标。综合标准化对象明确之后，接着就要确定目标，因为综合标准化是以解决问题为目的的标准化活动。目标是目的的具体化，有了明确的、具体的、量化的目标，才算有了明确的目的，有了综合标准化的主攻方向，目标一经确定，便是各项工作的依据和出发点。目标的选择和确定事关全局，在确立目标时要进行充分的调查研究和充分论证。二是编制标准综合体规划。综合标准化不是只制定一个目标标准，而是要制定一套标准，通过实施这一套标准达到确定的目标。这一套标准怎么制定，制定成什么样，对所确立的综合标准化目标能否实现有最直接的关系，标准综合体规划就是这一套标准。它包括综合标准化对象及其相关要素、需要制定的全部标准、最终目标值和相关要素的技术要求、必要的科研项目等，有了这样一个规划，各方面的工作才有依据，才可依次展开。

3. 制定标准阶段

这一阶段的任务就是要把标准综合体规划所确定的各项标准制定出来，建成标准综合体，有时这项工作要分两步进行，即制定工作计划和建立标准综合体。一是制定工作计划，这个工作计划是依据标准综合体规划编制的、用以指导标准制修订的具体计划，通常包括：标准的名称、主要内容和要求、适用范围、与其他标准的关系、参加单位与参加人员、起止时间等，确认后形成计划任务书。二是建立标准综合体，这是实施工作计划的活动，是综合标准化过程中很关键的一个工作步骤。协调机构根据工作计划的要求，组织全部标准的起草和审定工作，完成标准综合体的建设任务。这一过程中应注意以下几点：协调机构应建立规章制度和工作守则，保证各制标单位做到步调一致、互通信息、协调行动；分解的目标均应在相应标准的有关指标中得到落实；分头制定的标准要做到技术内容相互协调，实施日期互相衔接；制定标准过程中有可能要对工作计划和标准内容做局部调整，调整时要保证标准综合体的总体功能不受影响，标准之间协调配合；有些标准要进行试验验证，发现问题及时调整，直到标准综合体的全套标准符合要求。

4. 实施阶段

这一阶段的任务是组织实施标准和对综合标准化项目评价与验收。一是进行组织实施。按规定的时间实施标准，实现综合标准化目标。这一阶段比较重要的工作是进行标准宣贯、人员培训、实施条件准备、工作分工等实施前的准备；实施后定期对标准审查、修订，不断优化和完善标准综合体；跟踪检查、记录信息反馈并及时处理，保证标准综合体稳定运行。二是进行标准实施评价和验收。主要是考核标准综合体运行的效果，评价其是否达到了预定的目标。评价的内容是标准化综合体的技术水平、技术经济效果；审查的文件包括相关要素图、综合体标准目录、标准文本、标准审查报告、协调机构的总结报告等。如果达到预定的目标，则可验收，如果没有达到预定的目标，则应查找原因采取措施，直到达到预定目标，方可验收。

第三节　标准化其他理论

标准化作为一门独立的学科，在发展过程中侧重于方法运用和实践效果总结，针对性的理论研究较为缺乏。在标准化理论探索历程中，较早的研究是 20 世纪 30 年代美国工程师约翰·盖拉德发表的专著《工业标准化——原理与应用》。另外，在标准化的理论研究领域有较大影响力的人物包括英国的桑德斯、日本的松浦四郎等。其中，简单来说桑德斯原理主要提出为了追求更高效率的生活，标准从本质上来看，是社会有意识地努力达到简化的行为。松浦四郎原理则提出标准化本质上是一种简化，这是社会自觉努力的结果；简化就是减少某些事物的数量；标准化不仅能简化目前的复杂性，而且能预防将来产生不必要的复杂性。

一、标准化基本原理

1.桑德斯"七原理说"理论

1972 年，英国标准化专家桑德斯所著的《标准化的目的与原理》一书出版，书中提出了标准化的"七原理"。

（1）关于标准化的内涵

为了追求更高效率的生活，必须有意识地努力防止生活用品不必要的多样化，而这必须通过所有相关方的相互协作才能实现，这种协作就是标准化。因此，标准化从本质上来看，是社会有意识地努力达到简化的行为。而且，标准化不仅要减少当前已存在的复杂性，还要预防将来可能产生的不必要的复杂性。

（2）关于标准化的核心

标准化不仅是经济活动，而且是社会活动。标准化是通过所有相关方的相互协作来推动的，因此标准的制定必须建立在全体协商一致的基础上。仅限于制定、出版标准的标准化工作是毫无意义的，标准化的本质目的是使标准在其相应的范围内得到广泛接受，并予以实施，标准因此而真正具有价值。

（3）关于标准的实施

在实施标准时，为了多数利益而牺牲少数利益的情况是常有的。因此，在不同的情况和条件下，为了取得最广泛的社会效益，需要具有顾全大局的意识。

（4）关于制定标准与选择

在制定标准时，最基本的活动就是选择并将其固定。新技术的发展，在萌芽阶段是非常缓慢的，而在开发阶段一般会通过不断地试验和改进而获得快速进展。因而制定标准时要慎重选择对象和时机，一般认为在开发阶段结束时制定标准为宜。标准是作为制度予以实施的，如果朝令夕改，只会造成混乱而毫无益处。因此，标准应该在一定时间内保持稳定，以利于实施。

（5）关于标准的修订

技术进步经过开发和稳定阶段后会有新的改进和发展，所以，已经制定好的标准，一定要在规定时间内复审，并根据需要进行修订，以确保标准的实效性。标准修订的间隔应根据具体情况而定。先行的标准可以促进社会发展，而落后的标准则会起相反的作用。

（6）关于标准参数及试验方法的确定

为了保护消费者和社会公共的权益，指定产品标准时，如果对产品性能及其他特性表述不清，就很难弄清楚产品的特性。因此，标准中必须对有关的性能规定做出能测定或能计量的简要介绍。必要时，还应规定明确的试验方法和必要的试验装备。需要抽样时，应规定抽样方法以及样本的大小和抽样次数等。

（7）关于标准的法律强制性

国家标准是否以法律形式强制实施，应根据标准的性质、社会工业化的程度、现行的法律和客观条件等情况慎重考虑。

桑德斯提出的上述原理，是围绕着标准化的目的、作用，并从标准的制定、修订到实施的过程进行总结，其核心理念简要而言就是：简化、协商一致、实施、选择与固定、修订、技术规定和法律强制性。桑德斯的研究对后来的标准化理论的发展具有重要意义。

2. 松浦四郎的标准化理论

日本政法大学教授松浦四郎从 1961 年开始，就系统地研究标准化理论。他先后出版了《简化的经济效果》《工业标准化原理》《产品标准化》等著作，他是一位尝试解决品种简化及用定量方法衡量标准化的经济效果问题的标准化专家。他认为，知识和事物呈现不断增加的趋势，人类为了生活得更有效率，免除不必要的甚至是有害的增长，就必须减少不必要的多样化。这种有意识的简化就是标准化的开端。他在1972年出版的《工业标准化原理》一书中，全面阐述了他的理论观点，提出了多条标准化原理，概括如下：

（1）标准化的根本性质是社会各界通过自觉努力所达到的简化，而简化的本质是使事物的数量达到合理的减少，从而预防当前和今后可能出现的复杂性。

（2）标准化不仅是经济活动，也是一项社会活动，需要有关各方相互协作，共同参与，合力推动。

（3）为了定量地研究标准化活动，松浦四郎提出了"简化值""标准化值""简化效果""习惯的阻力系数"等概念。他认为，从社会生活的发展来看，事物总有增加的趋势，这就需要通过标准化把事物进行合理的简化，而衡量简化的合理性主要是看简化后的社会效果。

（4）从事标准化活动，要克服过去所形成的种种社会习惯。

（5）由于从事标准化工作的人力物力有限，要有效开展标准化工作，必须合理选择标准化的主题和内容，依照具体情况确定开展标准化工作的先后顺序。

（6）标准化的最终目标是实现效果最好的"全面经济"。对于"全面经济"的内涵，可能会有不同的理解，但必须用全局和长远的眼光来看待。在一个国家或企业内部，实现全面经济可能比较容易，但在国际范围内要实现这一目标，就需要有统一的国际标准，特别是在国与国之间进口和出口的环节，这样才能保证一个国家的发展不会影响别国的利益。

（7）由于生产的最终目的是为了消费，而标准又是规范产品的技术性能指标的，因此，在生产者和消费者发生利益冲突甚至矛盾时，应该优先考虑消费者的利益。

（8）产品要通过提高"互换性"来使使用性能更加简便。这不仅适用于实体产品，也适用于抽象的事物或概念。

（9）在制定和实施标准方面，他认为，制定标准的过程就是合理选择的过程，制定标准要经过充分协商和一致同意，一旦选择，就应保持相对稳定。但因为技术进步的速度很快，当新技术发展以后，对标准也要定期进行评审，必要时及时进行修订，修订的时间和周期要根据每一个标准的具体情况而定。一般可以认为，这个修订的周期以 5 年为宜。

（10）一项标准是否需要强制实施，要根据社会的工业化水平和标准自身的性质来确定。在高度工业化的社会里，限定过多需要强制实施的标准就可能脱离实际，而对于处于工业化初期的国家，为了加大标准化工作的力度，通过立法和行政措施来推行强制性标准，是必要和可行的。在涉及健康、安全的领域则应大力实施强制性标准。

（11）他通过大量的统计数据，对标准化的经济效果进行了深入研究，提出了定量衡量标准化经济效果的公式，以及评价产品品种简化与降低生产成本之间关系的公式和曲线。他认为，要定量评价标准化的经济效果，进而得出精确的数值，只有在具体一个公司或具体一项产品上才具有可能性。

松浦四郎的上述理论观点后来又反映在 1985 年日本规格协会出版的《企业标准化手册》里。这时他把人类为防止事物的复杂化，使社会生活从无序转向有序而进行的标准化活动，看成是人们为创造负熵所做的努力。这些思想被他称为标准化原理。以这些基本原理为基础又延伸出一系列标准化的原则。

从松浦四郎的上述观点可以看出，他提出的标准化原理，基本涵盖了桑德斯对标准化原理的概括，并做了一些局部调整和进一步拓展，他在标准化与"全面经济"生产者和消费者的关系、标准的互换性、企业标准化经济效果的评价等诸多方面都做出了开创性贡献，特别是他将"熵"这一概念引入了标准化领域，用以阐明标准化如何使社会生活从无序走向有序，丰富了标准化的理论范畴。

二、标准化的方法原理

1974 年，中国标准化工作者第一次提出"标准化的基本方法是选优、简化、统一""标准化最基本的特点是在选优基础上的统一和简化"，其后，许多人开始对这些问题进行探索。到 1980 年前后，又出现了一批新的观点，相互之间虽各有差异，但大家普遍认为"统一""简化""选优"再加上"协调"可以算是标准化的基本原理。总结标准化的传统理论和现代标准化发展的趋势，我们认为，标准化的方法原理是：简化节约原理、统一效能原理、协调一致原理、总体最优原理、有效竞争原理。

1. 简化节约原理

从桑德斯和松浦四郎关于标准化原理的论述可以看出，他们把简化看成标准化首要的和基本的原理。如果全面地来看，简化节约才是标准化的重要原理。

标准化的规律表明，简化是标准化最基本的手段，通过标准化可以使需要标准化的对象减少复杂性，加强物品的互联互通和兼容性，降低社会成本，更好地满足消费者的利益。

从节省社会成本的角度来说，当一个产品的功能超出了其所能承载的必要范围，其生产成本就会上升，消费者为之承担的成本也会上升，整个社会的成本必然也会随之上升。因此，通过简化，就会在保证产品必要功能的前提下，降低产品成本、消费者负担的成本和整个社会的成本，这对全社会来讲就是社会资源的节约和集约利用。

2. 统一效能原理

标准化的目的是要使复杂的事物达到统一，通过统一实现结构的优化，从而实现最佳的经济和社会效能。按照管理学家德鲁克的理论，"效能"就是"做正确的事"，是目标和效果的统一。在现代经济条件下，需要统一的对象非常多，其相互关系也非常复杂，因此，要通过标准化，使需要统一的对象在功能、形式、技术性能等方面趋于一致，使社会通过实施标准，将复杂的对象一致化，从而更好地实现社会效能。

执行统一效能原理要做到：

（1）统一是前提，效能是目标。

（2）统一是个渐进的过程，并非一劳永逸的。在目前已经统一的基础上，随着事物的发展和时间的推移，还需要在新的前提下确立新的一致性。

（3）统一的目标是实现应有的效能，如果统一的事物不能实现应有的效能，那么，统一就没有意义。

（4）要实现效能，必须做到等效，也就是说通过标准化的方法，被统一的事物在功能上要与统一后的事物在效能上相等，这样才能使事物和系统的总体功能达到最佳。

3. 协调一致原理

在标准系统中每一项标准都是一个基本的组成单元，它一方面要受到系统的制约，另一方面又会影响整个系统功能的发挥。所以在制定或修订每一项标准的过程中都要进行协调，通过协调达到一致，从而增强标准的社会认可度和实施效果。因此，协调一致是从事标准化活动的重要方法。

按照贝塔兰非（L.V.Bertalanffy）提出的系统论原理，整个系统的性能并不是直接来自系统的各个组成部分，而是来自组成全系统的统一整体，即我们通常所说的整体的各部分相加大于整体。根据这一原理，标准系统的功能并非取决于各部分简单地相加，而是取决于各部分之间相互适应、相互结合的程度。因此，要实现标准系统整体功能最佳的目标，就必须在各个系统之间进行必要的协调，通过协调使系统中各个组成部分及相关因素之间建立起合理的秩序和必要的平衡关系。只有当各个标准系统的各组成部分之间达到功能的协调一致，其整体功能才能实现最佳。

4. 总体最优原理

在标准化的过程中，必须十分注重"总体最优"的思想。一方面，标准化的最终目标是要实现最佳效益，因此，标准化的结果必须追求最优化；另一方面，标准化活动的最优化，并非局部的最优，而是整体的最优，如果只是从局部出发，虽然貌似合理，但从总体上说，制定的标准其适应性十分有限；随着科学技术和生产活动的日益发展，标准化活动所涉及的范围和程度也日益复杂，要实现标准化活动和效能的总体最优就显得更为突出、更为重要。

5. 有效竞争原理

这是在经济全球化条件下，从标准化的最新特点所提出的最新原理。标准化的作用并非仅仅是产品的简化与节约、目标的统一与效能、过程的协调与一致、功能的总体与优化，还在于发挥市场竞争中的行业准入规则作用。这正是新形势下，标准化战略作用的具体体现。

（1）标准化是市场竞争的有效手段。在市场经济条件下，标准化已成为市场准入的重要门槛，谁掌握了标准，谁就掌握了行业准入的规则和市场竞争的主动权，因此，在标准制定过程中，必须争夺必要的话语权。

（2）标准化手段的运用必须有效。这就意味着要合理运用国际国内标准化的规则，积极参与国际国内标准的制定，通过组成标准联盟等形式实现标准的合纵连横，赢得广泛的支持，使标准的制定和实施更多地反映自身的利益。

（3）标准在竞争中的作用必须体现出有效性。其含义是：通过制定标准能使国家、产业和企业抢占竞争的制高点，获得应有的利益，不能"为标准而标准"，如果不是在产业竞争中能获得优势的标准，即使再多也没有意义。反之，如果对产业竞争有积极影响，一项关键的标准就会价值无穷。

上述标准化原理，是从标准化的实践与发展中总结和概括出来的。简化节约是标准化的基础，统一效能是标准化的目的，协调一致是标准得到广泛认可的必然过程，总体最优是标准化所要实现的功能，而有效竞争则是标准化战略作用的具体体现。它们之间是相互联系、相互统一的，如果没有简化节约，就难以实现统一和效能，如果没有协调一致，也难以达到总体最优，如果没有效能和最优，标准化也很难发挥有效的竞争作用。因此，这些原理共同组成标准化的统一整体，反映了标准化发展的必然规律。由于这些原理具有显著的方法性特点，因此可以称作标准化的方法原理。

三、标准化的管理原理

在标准化发展的初期，标准系统尚不完备，工作重心放在标准数量的增加上，对标准系统的管理问题并不突出。随着标准系统的逐步完善，标准化工作进入了结构调整时期。此后的标准化工作，主要是通过标准系统作用于客观环境。此时，标准系统的管理就显得格外重要了。1995 年，李春田在《标准化概论》中提出了四项标准系统的管理原理。

1. 系统效应原理

系统效应原理是指标准系统效应不是直接从每个标准本身得到而是从组成该系统的互相协调的标准集合中得到的，并且这个效应超过了标准个体效应的总和。

标准系统效应不同于标准个体效应，因为标准系统已经不是互不相干的多个标准，而是由多个标准形成的完整统一体，其中，标准之间、标准与系统整体之间相互联系、相互作用、相互补充。系统效应原理是对标准系统进行管理的理论基础。根据这条原理，可以提出下列标准化工作原则：

（1）标准化工作要想收到实效，必须把标准系统建立起来；

（2）建立标准系统必须有一定数量的标准，但并不意味着越多越好，关键是标准之间要互相关联、互相协调、互相适应；

（3）制定每一个标准时，都必须从系统对它的要求出发，考虑它在系统中所处的位置、所起的作用以及它与相关标准之间的关系等，这样才能制定出切合实际的标准，最后形成的标准系统才能产生较好的系统效应。

2. 结构优化原理

无论是国家标准系统、企业标准系统，还是以某一产品（或过程）为对象构成的标准系统，都是由为数众多的标准（即系统的要素）组成的，这些标准绝不是以杂乱无章的形式堆积的。标准系统诸要素之间不仅存在着内在有机联系，而且在空间上层次分明，时间上排列有序，这就叫标准系统的结构。

实践证明，标准系统的结构不同，其效应也会不同，只有经过优化的系统结构才能产生系统效应。系统结构的优化，应按照结构与功能的关系，调整和处理标准系统的阶层秩序、时间、序列、数量比例以及它们的合理组合，这就是结构优化原理。

根据结构优化原理在对标准系统进行控制过程中，应不断分析功能与结构的关系，一旦发现结构状况已经影响了功能的发挥和目标的实现，就应采取措施改变结构。

根据结构优化原理，可推出一系列对标准化工作有指导作用的原则：

（1）在一定范围内，当标准的数量已经达到一定程度时，标准化工作的重点应转向对系统结构的研究和调整上。

（2）为使标准系统发挥较好的效应，不能仅仅停留在提高单个标准的水平，而应该致力于改进整个系统的结构。

（3）当标准系统过于臃肿，功能降低时，可采用精简结构要素的办法，减少系统中不必要的要素和某些不必要的结构。

3. 有序发展原理

标准系统的结构经过优化之后，系统内部各要素之间彼此协调，系统与其外部环境之间也保持适应的状态，这种状态为系统的稳定状态。系统只有处于稳定状态，才能正常地发挥功能，产生系统效应。对标准系统如果不加控制而任其自然变化，将会使其由有序趋向于无序。

因此，对标准系统进行管理的一个重要任务，就是要努力地提高系统的有序程度，保持其稳定性，并尽可能地向新的、更高水平的稳定状态发展。

实践证明，只有及时淘汰标准系统中落后的、低功能的和无用的要素，或向系统中补充对系统发展具有带动作用的新要素才能使系统由较低有序状态向较高有序状态转化，推动系统的发展，这就是有序发展原理。

有序发展原理表明，在对标准系统进行管理时，不仅要及时制定必要的标准，尤其是能带动整个系统水平提高的先进标准；另外特别需要注意的是要及时清除那些功能差、互相矛盾和已经不起作用的标准。随着标准绝对数量的增加，这个问题显得越发突出。如果忽视了标准系统的新陈代谢，标准化活动可能陷入事倍功半的被动局面。

4. 反馈控制原理

信息是对标准系统进行控制的基础。一切信息传递都是为了控制，而任何控制又都需要通过反馈来实现。

任何一个标准系统都必须有信息反馈，而且必须经常地获得必要的信息，迅速地传递、正确地加工和利用。信息反馈是对标准系统进行管理的前提，反馈控制是实现标准系统目标的决定性因素，标准系统演化、发展以及保持结构稳定性和环境适应性的内在机制是反馈控制，这就是反馈控制原理。

反馈控制原理的含义是：

（1）标准系统在建立和发展过程中，只有通过经常反馈、不断调节同外部环境的关系，提高系统的适应性和稳定性，才能有效地发挥出系统效应。

（2）标准系统同外部环境的适应性，不可能自发实现，需要控制系统（管理机构）实行强有力的反馈控制。反馈控制原理的实践意义还在于可以引申出一系列管理原则。

1）标准系统是人为系统，它需要标准化管理者主动地进行调节，才能使系统处于稳态，没有人为的干预或控制是不可能达到稳态的。而干预、控制都要以信息反馈为前提。虽然建立了标准系统，但如果没有信息反馈，系统就将处于失控状态。一个失控的系统，既不能达到预定目标，也不能长期稳定。

2）标准化管理部门的信息管理系统是否灵敏、健全，利用信息进行控制的各种技术的和行政的措施是否有效，对标准系统的发展有重要影响。

3）标准系统的反馈信息，要通过标准的贯彻实践才能得到。如果标准管理部门不用相当的精力推动标准的贯彻实践，则不能及时得到标准在贯彻实践过程中同环境之间适应状况的信息，一旦不能及时对失调状况加以控制，标准系统便可能逐渐瘫痪、瓦解。

4）为使标准系统与环境相适应，除了及时修订已经落后的标准，制定适合环境要求的高水平标准外，还应尽可能使标准具有一定的弹性（如在产品标准中对一些技术指标分等、分级），这应该成为标准化的一个原则（弹性原则）。

第三章 油气管道标准一体化构建理论及方法

第一节 标准一体化概述

一、标准一体化探索与建设

油气管道一体化标准体系建设是企业标准化发展到一定阶段的产物，是国内外企业标准体系建设经验的总结与再创新。油气管道标准一体化既是新型标准体系构建的过程，也是企业标准体系建设模式、理念革新的过程。自 2011 年一体化建设实践到一体化建设理论的提出，一体化标准体系的建立经过了反复尝试、持续优化、层层深入的过程。

1."一体化"探索历程

2011 年，中国石油天然气与管道分公司（现为国家管网北方管道公司，以下简称北方管道公司）在深入分析当前标准体系存在问题基础上，结合中国石油标准化的国际化战略，提出开展油气管道标准一体化研究，构建新型企业标准体系的设想。这是石油行业乃至国内企业标准体系建设模式改革的创新之举，具有重要意义。

2012 年，北方管道公司正式启动了油气管道标准一体化建设与研究，开展了大量基础性研究。一是全面收集了国内外油气管道相关标准近 3000 余项，其中包括公司体系表中 1000 余项标准，中国石油工程建设体系表中 1000 余项标准，以及国外知名石油管道企业标准在内的国外标准 1000 余项，作为一体化建设的重要基础；二是全面开展了国内标准体系现状调研，包括 30 余条新建及改扩建管道工程建设及运行维护中存在的问题；三是系统开展了国外标准体系建设模式对标研究，对国外公司的企业标准体系建设理念、架构、标准结构、内容组织、文本编制风格等进行了深入研究，并深入对比了国内外差异。这些研究明确了一体化解决问题的方向，为形成适合国内企业的标准体系建设理念奠定了重要基础。

2013 年，北方管道公司开展了一体化建设整体方案设计，确定了体系架构构建、标准编制、标准审查、立项发布的基本流程。同年，开展了油气管道标准一体化体系架构研究，摒弃过去传统的"计划式""头脑风暴式"框架研究模式，采用综合标准化理念，并系统开展标准化对象分解分类，作为标准体系框架建设的基础，形成 18 个专业 172 项标准的框架。

2014 年，北方管道公司基于一体化框架启动了腐蚀防护、仪表自动化、HSE 等 3 个专业试点编制，同期启动原油、成品油、天然气管道工程建设对标研究及运行管理对标研究作为重要技术支持手段，在编制一体化标准的同时，全面提高企业标准技术水平，提升工程建设与运行管理标准协调性。

2015 年，全面启动 18 个专业的编制工作，并持续开展对标研究；同期开展部分已完成试点专业审查，探索和积累新模式下标准审查模式和经验。

2016 年，全面启动审查工作；同期启动油气管道标准一体化理论及方法研究，旨在深入提炼升华"一体化"理念并形成系统完整的企业标准体系建设理论。

2017 年，应用油气管道标准一体化理论及方法开展油气管道一体化框架二次研究，优化建立更为科学合理、有机关联的标准体系。

2. "一体化"理论研究的提出

标准体系框架是系统标准化内容的顶层设计，决定了标准覆盖的全面性、结构的合理性、功能的适用性及维护的便利性。因此，一体化框架的研究是一体化标准体系建设的核心内容，一体化标准体系必须先研究建立标准体系框架。

对以往建设模式下的标准体系进行深入分析发现，标准的数量呈现不完全受控的状态，即对于一个给定的系统，究竟应该设置多少项标准是合理的，是没有原则和标准的。企业标准申报较为随意，大标准和小标准混杂在一起，有时系统很小的一个单元或一个属性就制定一个标准，导致标准体系数量不断扩大，原因之一就是标准体系顶层框架的控制力不强，提出具体标准的原则不清晰。

一体化标准体系框架研究中应解决以下关键问题：

（1）覆盖性，即能够囊括系统全部标准化内容；

（2）结构合理性，包括分类的合理性和层级设置的合理性；

（3）功能的适用性，实现对不同方面标准化内容的有效组织管理；

（4）维护的便利性，以上 3 个方面的性质决定了维护的便利性，以及标准制修订与体系更新不至于带来复杂和大量的工作。

以上问题的解决需要一套系统全面的理论方法。在长期的标准化经验积累及标准体系建设探索和尝试之后，我们找到了解决企业标准体系建设问题的方向。

中石油管道有限责任公司（以下简称"中油管道"）在这方面开展了卓有成效的尝试。经过若干年的努力，借鉴国外石油企业标准体系架构建设理念，按照管道全生命周期进行划分，企业标准覆盖设计、施工、营运和维护所有核心要求，初步建立了油气管道一体化标准体系框架。但前期开展的一体化探索没有形成一套系统完整的标准体系建设理论方法：一方面，无法科学诠释一体化的建设理念及原则，在一体化理念的认可和推广方面形成一定障碍；另一方面，没有形成系统完整获得业内认同的理论及方法，随着油气管道业务的发展、标准需求的变化和标准体系建设方法研究进一步深化，前期耗费大量精力研究的一体化标准体系容易被改变，在构建新的标准体系过程中，一体化的理念和方法也无法重复执行。不具备重复性就意味着没有生命力，这样的建设模式也是难以持久的。因此，有必要开展油气管道企业标准体系建设模式改革和探索，形成系统的标准一体化理论与方法，构建一体化标准体系架构，从根本上解决"国家标准、行业标准和企业标准"堆积模式带来的繁杂、效率低下及标准不协调的问题，提升企业竞争力。

因此，我们需要基于油气管道一体化标准体系建设经验做法，深入研究企业标准体系建设过程中体现的标准化特征，以揭示由企业的系统实体向标准转化过程中的标准化原理，开展油气管道标准一体化理论及方法研究，建立普遍适用于油气管道标准体系建设的理论方法，形成按照一定层级类别划分的油气管道标准化对象及要素，并建立相互间的关联关系，对于油气管道行业标准化的协调统一、业内交流和行业发展具有十分重要的作用。

二、"一体化"的内涵

对于什么是"一体化"，目前并没有确切的定义。"一体化"词语用处较多，企业也不例外，比如横向一体化、纵向一体化、产运销一体化、一体化项目管理、一体化设计、机电一体化技术、物流一体化、QHSE一体化管理体系和集约型一体化管理体系等，具体内涵和外延千差万别。究其实质，"一体化"概念的含义可以理解为：将两个或两个以上的互不相同、互不协调的事项，采取适当的方式、方法或措施，将其有机地融合为一个整体，形成协同效力，以实现组织策划目标的一项措施。

从上述内容可以看出，"一体化"虽然应用的领域较多，但基本的内涵就是将所研究的事物当成或形成一个整体。因此我们在油气管道企业标准体系建设实践中也采用"一体化"一词，基本的目的和内涵也是指将油气管道系统全部的对象作为一个有机联系的系统，整体开展标准化研究。

系统性是"一体化"的基础，如何才能体现"一体化"的整体性呢？具体包括以下几层含义。

（1）覆盖全业务对象

在这里，我们将"全业务对象"的内涵限定为组成油气管道系统的对象，即"一体化"的内涵首先应该体现在包含组成系统的全部组成部分。这里的全部又是指组成系统的各个单元或部件。因为系统的整体性少了任何一个单元，系统都将是不完整的。而系统的完整性则是系统可能表达出的结构、特性、功能的前提条件。

（2）覆盖全生命周期

全生命周期是当前流行的另一个理念。生命周期被用在多个领域，如，产品全生命周期管理（Product Lifecycle Management，PLM）是指管理产品从需求、规划、设计、生产、经销、运行、使用、维修保养、直到回收再用处置的全生命周期中的信息与过程。企业的生命周期是指企业诞生、成长、壮大、衰退甚至死亡的过程。虽然不同企业的寿命有长有短，但各个企业在生命周期的不同阶段所表现出来的特征却具有某些共性。了解这些共性，便于企业了解自己所处的生命周期阶段，从而修正自己的状态，尽可能地延长自己的寿命。行业的生命周期指行业从出现到完全退出社会经济活动所经历的时间。行业的生命周期主要包括四个发展阶段：幼稚期、成长期、成熟期、衰退期。

在研究系统的标准化行为时，"一体化"的整体性不仅仅体现在组成部分的完整性；仅仅有实体化的部件只是一个机械化的存在。只有把系统当成一个有机的整体，研究其从筹划、方案、设计、建成、运行、废弃等整个生命过程的行为，才能实现系统最合理、最优化。系统生命周期过程中的各个阶段都会对下一阶段以及系统的结构、功能产生影响。因此，"一体化"除考虑实体化对象的全覆盖外，还必须考虑生命周期的全覆盖。

（3）充分考虑对象之间关联关系

一个复杂系统往往是由巨大数量的部件组成。在形成系统之前各个部件均是一个单独的个体，通过相互之间的各种联系形成一个系统，即"一体化"是通过关联关系形成一个系统整体的。我们借鉴系统的定义来看，关联关系就是系统各要素之间相互联系、相互作用的形式。形式不同，则系统表现出的结构、特性、功能也不相同。因此，关联关系是系统各要素形成"一体化"的基础。

三、"一体化"理论体系构成

标准体系是标准的一种树状层次结构分类体系，而标准是由标准化对象确定。因此在一体化标准体系建设中，将深入研究标准化对象的分类和关联关系，并基于标准化对象构建一体化标准体系。

标准一体化理论是研究标准化对象及其要素的相互关系，构建一体化标准体系，最终达到覆盖全面、结构层次合理、协调最优的目的。

在已开展的油气管道一体化建设实践基础上，开展一体化理论及方法研究需要解决两个核心问题：一是提出油气管道系统适用的框架优化及建立原则。基于头脑风暴和个人经验建立的一体化框架，在一定程度上是不稳定的，容易受主观因素的影响而发生较大变化。这就需要提出一体化框架建立的原则，以固化和形成标准体系应遵循的规律、流程、方法等，保证标准体系框架的延续性和稳定性。二是形成一套完整的理论体系以在普遍范围内重复使用，这是保证一体化理论及一体化标准体系生命力的重要支撑。这就要求框架优化及建立原则的提出，一方面要基于油气管道系统的客观性，避免过多人为因素干扰，另一方面要保证一体化理论及方法的灵活性和包容性，避免复杂多变的生产需求导致无法依据理论开展标准化工作。

第二节 标准一体化理论

一、基本目标

1. 系统性

系统性是油气管道标准一体化理论首先应实现的目标。系统具有整体的结构、整体的特性、整体的状态、整体的行为、整体的功能，这些体现在标准体系中就是成套性，建立标准体系的一个重要原则就是全面成套。系统性最终表现为建立的一体化标准体系应覆盖全部标准化范围，即应覆盖组成系统的全部标准化对象以及标准化对象间的全部关联关系。

2. 规范性

油气管道标准一体化理论所建立的标准体系应具有规范性。

（1）标准体系的框架及标准设置应科学合理。标准体系的组成元素是标准，而不是产品、过程、服务或管理项目。标准体系中到底包含哪些内容，包含哪些标准，需要深入研究。确定标准体系的组成元素，就是确定标准体系应具体包含哪几类标准或哪些子体系，这需要对标准体系的目标、标准化范围进行深入的调研、分析，找出最恰当的标准化角度，设置相应的标准子体系。如何选取恰当的标准化角度，这就需要用到标准化的术语——标准化对象。

（2）标准体系建立的过程应由具体可行的原则方法进行规范和指导。

（3）建立的标准体系应具备一定的稳定性，标准体系的架构和标准设置不应轻易更改。

3. 有序性

尽管复杂系统中标准化对象数量是巨大的，关联关系是错综复杂的，但内在是有严格的次序的。标准化的功能就是将复杂系统按照内在的次序反映出来形成标准。因此有序性是油气管道标准一体化理论要实现的重要目标。

（1）标准体系中对标准化对象的规定应是趋向唯一的，这可以防止在标准体系的不同位置对标准化对象的规定不同，产生冲突、矛盾等问题。这是解决我国现行企业标准体系建设模式冲突、矛盾、不协调、不一致的重要方法。

（2）标准体系中对标准化对象界面及交叉关系应是清晰的，不应出现模棱两可的关系。

（3）标准化对象在保证唯一性、界面清晰的前提下，在形成标准体系的时候应充分考虑实际需求，采用合理的组织形式，以便于使用。

二、基本概念、原理及原则

在借鉴系统工程理论、标准化基本理论、本体理论和综合标准化思想的基础上，给出标准一体化理论包含的基本概念。

1. 系统及要素

（1）定义

系统：由相互作用和相互依赖的若干组成部分结合成的、具有特定功能的有机整体。系统由要素组成。

要素：组成系统的基本单元。具有层次性，要素相对它所在的系统是要素，相对于组成它的要素则是系统。在系统中相互独立又按比例联系成一定的结构。

（2）特征

系统和要素具有以下特征：

1）系统和要素都属于对象；

2）系统通过整体作用支配和控制要素；

3）要素通过相互作用决定系统的特征和功能；

4）系统和要素的概念是相对的。

在一体化标准体系建设时，系统要素组成的复杂系统，包含了组成系统的全部标准化内涵。包括组成系统本身的要素，系统的不同结构关系，系统内部的关联关系，以及和环境及社会之间的关联关系等。这是形成一体化标准的全部标准化范围和内容，如图3-1所示。在建设实际的企业标准体系时，要从中发现、挖掘、描述、表征、实现其标准化特性。

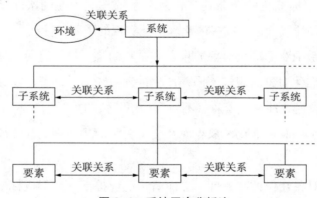

图 3-1　系统层次分析法

2. 标准化对象

（1）定义

需要标准化的主题。凡具有多次重复使用和需要制定标准的具体产品，以及各种定额、规划、要求、方法、概念等，都可称为标准化对象。

（2）特征

标准化对象具有以下特征：

1）标准化对象具有重复性；

2）同一标准化对象在不同系统中其性质、地位和作用有所不同；

3）一组相关的标准化对象构成标准化领域。

（3）标准化对象与系统对象的关系

标准化对象是从系统对象中选取得到的，具有以下特征：

1）标准化对象本质仍为系统对象，由要素构成；

2）系统对象是标准化对象的基础，包含标准化对象；

3）不是所有系统对象都需要或都可以成为标准化对象。

原理：标准化对象是一体化标准的基础。

对象是客观的，即哲学上所说的"客体"。遵循对象客观性，是形成科学合理标准及标准体系的前提。应明确的是，一体化对象研究的范畴不是自然对象，而是人工对象。因为自然对象为自然存在，有其无法违背和改变的自然规律，无标准化意义。

在传统标准体系建设模式下，停留在标准条款及内容分析的层面上，依靠主观穷举梳理标准应包含的内容。由于缺乏理论与方法指导，往往会遗漏重要要素、属性、关联关系甚至重要标准化对象，导致标准覆盖不够全面，条理不够清晰。标准化工作的前提是对所研究的对象进行系统分析研究，即以标准化对象的客观性作为标准化的基础和出发点，避免出现在国内传统标准体系建设模式下标准内容繁杂、条理不清、层级混乱的现象。

3. 标准化对象的属性

（1）定义

属性是对象性质的统称。对象（事物）的属性有的是特有属性，有的是共有属性。对象都具有属性、属性依附于对象。将多个对象的共同性质提取作为属性或同一对象的不同方面作为属性，从而可以简化标准化对象的数量。

如管线对象包括原油管线、成品油管线、天然气管线，提取介质属性（原油、成品油、天然气），则标准化对象管线具有介质属性，可描述为管线（介质）；埋地管线、穿越管线、跨越管线、并行管线，提取敷设方式属性（埋地、穿越、跨越、并行），则标准化对象描述为管线（敷设方式）。

最终通过多维度属性，描述标准化对象：管线（介质、敷设方式等）。

（2）特征

按照自然辩证唯物主义，时间和空间是"客体"的两个最基本的属性，是绝对概念。因此作为"客体"的一体化对象，时间属性和空间属性也是其2个最基本属性。

时间属性指对象按照时间顺序发生、发展、消亡的过程。对于油气管道具体来讲，从初设、采购、勘察、测绘、施工、投产、运行到废弃是一个完整的时间周期，称其为全生命周期。

空间属性指对象在三维空间上的位置和占据空间大小。对于油气管道具体来讲，穿越、跨越、埋地等敷设方式均属于空间属性研究范畴。

对于自然客体，如太阳、地球、高山等，研究时空两个属性足以解决很多问题。而对于人工系统，如油气管道系统，由于人类需求的介入，导致同类对象在不同的应用领域、范围、环境、目的下会有不同的属性特征。如储罐的防腐层和管道的防腐层、普通管道的防腐层和穿越管道防腐层会有不同的属性特征，管道的安全距离在输送原油、成品油、天然气等不同介质时具有不同的属性特征，这种属性称之为领域属性，即应明确所研究标准化对象的应用领域。同样地，可以形成系统的其他属性。

原理：空间属性、时间属性和领域属性是标准化对象三种基本属性。

引申1：每一个标准化对象具有完整的生命周期。①生命周期包括设计、施工、运行维护直至废弃的整个生命过程；②生命周期也可以表述为一个完整的业务流程或工作流程。

引申2：每一个标准化对象都具有一定的空间结构。空间结构：①标准化对象自身的内部结构与关联，即标准化对象本身是由其他要素按照一定的结构组成；②整体结构与关联，即标准化对象作为一个整体，与系统内的其他对象之间存在着关联关系。

引申3：每一个标准化对象总是处于一定领域内，并有一个或若干个核心对象，其他对象围绕核心对象存在，本研究领域为油气管道。

4. 关联关系

（1）定义

标准化对象之间，以及标准化对象与属性之间的关系。

（2）特征

关联关系是相互独立的对象形成有机系统的关键所在。因此关联关系的识别和分析处理是一体化理论的重要部分。关联关系包括的范围较广、层次较多，包括标准化对象层级关系、标准化对象和属性之间的关联关系。标准化对象层级关系表现为对象之间的上下层级关系、并列关系、顺序关系等；标准化对象和属性之间的关系，表现为标准化对象包含相关属性。

另外，系统与外部环境也存在关联关系，其具体表现为标准化对象的属性增加。如环境属性：一方面对象的存在必然会受到环境的影响，需要考虑相应的措施将环境的不利影响降到最低，如针对可能存在的洪水、泥石流等需要考虑水工保护系统；另一方面对象也会对环境产生影响，需要考虑环保的问题。

1）上下层级关系

将一个系统作为标准化的总体对象。系统内部结构呈现模块层次关联结构，特点为：系统由所包含子系统及子系统间的关联关系组成，子系统则由对象及对象间的关联关系组成。对于简单系统，可直接由对象及对象间的关联关系组成，如图 3-2 所示。

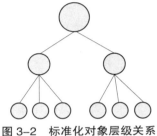

图 3-2　标准化对象层级关系

2）并列关系

对于一个系统所包含的对象或一个对象所包含的要素，在某同一层级上的对象或要素呈现并联关系。这种类型的关系往往不易区分流程上的先后顺序、相互间的包含关系，因此呈现并列关系。在形成标准体系框架时并列关系的对象可在章节上处于同一级别的章节排列。例如，油气管道的给水系统、排水系统分别针对用水需求和排水需求，相互间并无太大的交叉和流程上的先后关系。

3）顺序关系

这种结构主要是针对具有流程上关联的对象，在排列上必须遵照对象之间前后的流程关系进行排列。这种流程关系也是生命周期或业务流程的一种表现形式。

5. 标准化领域

（1）定义

标准化领域由一组相关的标准化对象组成。

（2）特征

一体化系统中各专业均可视为标准化领域。具有以下特征：

1）领域内全体标准化对象组成；

2）以核心标准化对象组成核心领域；

3）可采取优势集中原则，即交叉标准化对象可划入关联关系所占比重较大的领域；

4）应考虑使用惯例，可结合业务部门组织结构，参考现行学科分类。

6. 标准一体化系统

（1）定义

标准一体化系统由所有标准化对象及其属性和关联关系，相互结合，形成的有机整体。

（2）特征

标准一体化系统由系统衍生而来。标准一体化系统的基本组成单元如图 3-3 所示。属性和关联关系围绕标准化对象而存在，系统包含的全部标准化对象，以及属性和关联关系共同形成标准一体化系统，并且系统与外部环境也存在着关联关系。

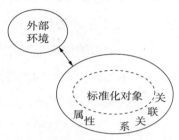

图 3-3　标准一体化系统单元

环境包括系统外部存在的自然环境和社会环境。一方面对象的存在必然会受到环境的影响，需要考虑采取相应的措施将环境的不利影响降到最低，如针对可能存在的洪水、泥石流等需要考虑水工保护系统；另一方面对象也会对环境产生影响，需要考虑环保的问题。社会环境主要指对象与人类群体之间的关系，即受人类群体及对人类群体的影响。油气管道系统作为复杂的人工系统，体现了强烈的人类群体需求，在其全生命周期的任何阶段都是人类群体在主导。另外，油气管道系统存在诸多风险事关人类群体的安全。

7. 一体化标准化

（1）定义

一体化标准化是基于标准化对象、属性及关联关系，建立一体化标准，并贯彻实施的标准化活动。

（2）特征

将一体化标准化对象及其属性和关联关系作为一个系统开展标准化工作，并且范围应明确并相对完整。

原理：标准化对象是标准的客体，标准是标准化对象及相互关系的反映和表现。

一体化的基本标准化过程包括系统向标准化对象的转化、标准化对象向标准的转化两个过程。

第一个过程是基于系统的客观性，实现第一次标准化，即从系统的复杂的组成对象和关联关系中，挖掘需要和可以进行标准化的对象和关联关系，形成可标准化的对象及所包括的属性等内容。

第二个过程是标准化对象和属性内容的描述化，即将标准化对象和属性通过一定形式反映出来。一般的形式是文本，也可以通过可视化等方式实现。

需要注意的是，在两个过程中，系统的客观性都会有一定程度的损失。这是因为，标准化是人类活动的产物，标准化的过程一定是人为的过程，人的干预不可避免地会带来主观性。通过一体化理论研究，可在一定程度乃至很大程度上降低这种主观性，但无法从根本上消除。

原理：系统对象向标准化对象的转化、标准化对象向标准的转化均形成"负熵"。

该原理是基于"负熵"原理和一体化对象的进化原理提出。标准化是一个趋向有序化的过程，将无序的对象形成有序关联的系统。这个过程是混乱度减小的过程。转化过程混乱度的减小和有序度的增加是系统结构和功能优化的必要条件，也是开展标准化过程研究的价值所在。

原理：标准化协调原理、简化原理、统一原理、最优化原理。

目前，标准化相关的理论经过发展形成了较为公认的标准化四个基本原理，即通常指"统一原理、简化原理、协调原理和最优化原理"。简化、统一、协调、最优化等原则是企业标准化长期活动的总结，是相互关联的有机整体，在企业标准化活动中起着重要的指导作用。它们既是标准化活动客观存在的规律性法则，又是指导企业标准化实践活动的依据。在一体化标准构建过程中应满足标准化基本原理的要求。

8. 一体化标准 / 标准综合体

（1）定义

系统分析标准化对象及其属性和关联关系，通过标准化对象和属性聚集组合，建立覆盖全面、结构层次合理、协调最优的全套标准。

（2）特征

标准化对象是标准的客体，标准是标准化对象及相互关系的反映和表现。一体化标准具有如下特征：

1）综合性：一体化标准以标准化对象建立全生命周期综合性标准为主，必要时以对象属性建立系列辅助标准；

2）唯一性：当子层级标准化对象组建另一个标准时，则在父层级标准文本中明确指向子层级标准化对象，进行引用；

3）全面性：设置的一体化标准内容应涵盖所有相关的标准化对象和属性。

在一体化标准化过程中，标准化对象和属性的聚类组合主要包含通用化、模块化、系列化、协同互操作性四种类别。

①通用化：对象共性和相似特征，经归并、优选、简化，找出其共同的特性，使一种对象拥有多种对象的使用要求因素，将有对多种对象广泛的适用性范围。

通用化的数学关系是多个对象或属性集合的归属化关系，通用化的数学模型见式（3-1）。

$$x_i \in A \quad\cdots\cdots\cdots\cdots\cdots\cdots\cdots\cdots\cdots\cdots\cdots\cdots（3-1）$$

式中，x_i 为第 i 种对象或属性（$i=1$，$2\cdots n$，n 为自然数）；A 为通用对象或属性的集合。式（3-1）的通用化数学模型的含义是，通用化是一种包含性的集合关系，它能包含多种不同的对象或属性。

②模块化：是按特定功能或空间结构进行的标准化对象的分解与合成，模块化主要有几何模块化、方法模块化、功能模块化等。

集合由 m 个组件模块 a_1、a_2、$a_3\cdots a_m$ 组成，每个组件模块又可细分为子模块：a_{11}、$a_{12}\cdots a_{1n}$，a_{21}、$a_{22}\cdots a_{2n}$，$\cdots a_{m1}$、$a_{m2}\cdots a_{mn}$。每个组件模块的子模块数不一定是相等的，组件的子模块为 p 个，小于 n 个时，$a_{ji}=0$，$j=1$，$2\cdots m$，$i=p+1$，$p+2\cdots n$。模块化的数学模型见式（3-2）。

$$\begin{vmatrix} a_{11} & a_{12} & \cdots & a_{1n} \\ a_{21} & a_{22} & \cdots & a_{2n} \\ \vdots & \vdots & \cdots & \vdots \\ a_{m1} & a_{m2} & \cdots & a_{mn} \end{vmatrix} \Rightarrow \begin{bmatrix} a_1 & a_2 & \cdots & a_m \end{bmatrix} \Rightarrow A \quad\cdots\cdots\cdots\cdots\cdots（3-2）$$

③系列化：是同类对象的主要属性按照一定科学规律离散形成的相似对象集合。

④协同互操作性：是对复杂系统的技术、结构、信息等关系实施统一化形成的综合性、多维度统一化。协同互操作性是更高等级的统一化，同时包含通用化、系列化、模块化等多种组成形式。

9. 标准化对象向标准转化原则

（1）标准化类型（表3-1）

针对系统中的不同层次的组成要素，可从以下方面开展标准化：

1）针对系统的标准化：宜制定综合性标准，包含下属所有相关对象及对象间的共同属性及关联关系。

2）针对标准化领域的标准化：宜制定综合性标准，包含领域内所有标准化对象、属性和关联关系。

3）针对标准化对象的标准化：宜制定全生命周期综合性标准，应包含标准化对象所有相关的下一层级对象、属性和关联关系。

4）针对标准化对象的属性的标准化：宜制定辅助配套类标准，包含该标准化对象下一层级所有具有该属性的标准化对象、属性及关联关系。

表 3-1　标准化类型

系统	综合性	共性
标准化领域	综合性	共性
标准化对象	综合性	共性
标准化对象的属性	配套性	个性

（2）标准转化原则

基于标准化对象，给出标准化对象向标准转化的原则：

1）油气管道一体化标准体系应以标准化对象为基础建立。

2）标准化的范围包括系统、要素、属性、关联关系，即都可制定标准。

3）系统类对象宜制定标准，要素、属性和关联关系宜作为标准内容条款。

4）一体化标准以制定综合性标准为主，即以系统类对象为主形成综合性标准。

5）专业内标准设置及标准内容组织还应考虑由整体通用到特殊个性的顺序。

6）标准化对象的个性属性等不宜在综合性标准中进行规定时，也可制定配套的标准。

7）对象基本属性或通用属性标准化，应包括该对象所含的全部下层对象或要素。

8）当系统包含 2 个及以上对象时，应对所有相关对象共性及关联关系进行规范，可通过以下原则转化：

①制定总则性标准，并宜与对象平级或上升一级；

②制定总则性条款，作为排序靠前的章节。

9）标准中存在交叉重复的标准化对象，只在一个标准中规定，其他标准引用。

10）新标准需求的处理应先考虑修订现有标准，若现有标准的范围无法包括新需求，可制定新标准。

第三节　标准一体化建设方法、模型及流程

基于油气管道一体化标准体系建设经验，运用一体化理论，通过探索形成了一体化标准体系建设流程，如图3-4所示。

该流程从标准及业务界面梳理出发，通过系统的要素分解，提取标准化对象，进行标准化对象的分级分类，建立标准化对象和属性数据库，通过标准化对象分析构建标准体系，并基于标准体系通过标准化对象和要素聚集组合形成标准综合体。

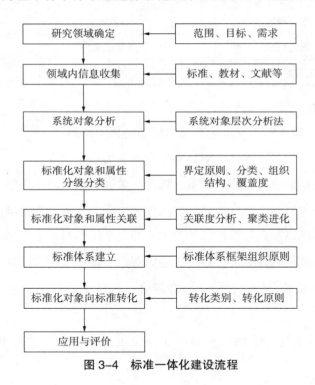

图3-4　标准一体化建设流程

一、一体化建设流程领域确定及信息收集

信息收集是通过各种方式获取需要的信息。信息收集是构建研究系统最关键的一步。信息收集工作的完整度直接关系到后续标准体系建立工作的质量。信息可以分为原始信息和加工信息两大类。原始信息是指在经济活动中直接产生或获取的数

据、概念、知识、经验及其总结，是未经加工的信息，如生产业务流程等。加工信息则是对原始信息经过加工、分析、改编和重组而形成的具有新形式、新内容的信息，如国内外相关标准，以及其他文献资料等。两类信息都对系统的构建发挥着不可替代的作用。

（1）准确性原则

该原则要求所收集到的信息要真实可靠。当然，这个原则是信息收集工作最基本的要求。

（2）全面性原则

该原则要求所搜集到的信息要广泛、全面、完整。只有广泛、全面地搜集信息，才能保证系统的完整性，为标准体系的建立提供保障。当然，实际所收集到的信息不可能做到绝对的全面完整，因此，如何在不完整、不完备的信息下构建完整的系统也是信息收集的重要内容。

二、系统对象分析

在构建一体化标准体系时，为满足一体化的要求，保证实现综合目标最佳，应首先保证系统各方面和各阶段要素的完整性。因此，系统要素分解时应尽可能提取出各系统模块包含的要素。主要通过以下模型分解得到系统要素。

（1）系统层次关联结构分析

将研究对象作为一个系统，则系统包含了全部标准化内涵，包括组成系统本身的对象，组成对象的不同结构关系，系统内部的关联关系，以及和环境之间的关联关系等，这是形成一体化标准的全部标准化范围和内容。在建设实际的企业标准体系时，应首先进行系统分析（见图3-5），从中发现、挖掘其标准化特性。

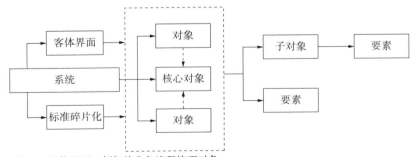

注：1. 客体界面，例如从业务流程梳理对象。
　　2. 标准碎片化，从既有标准分解获取对象。

图3-5　系统层次关联结构分析

1）系统内部结构呈现层次关联结构，特点为：系统由所包含子系统及子系统间的关联关系组成；子系统则由对象及对象间的关联关系组成；对象可进一步分解为更细的对象，直至不具备拆分性时，确立其为要素。系统包含对象，对象包含要素。

2）系统包含核心对象，其他对象围绕核心对象功能的实现而存在。

3）关联关系包括系统内、与环境间的关系。其中系统内的关联关系表现为系统的结构，主要通过设计实现；与环境的关系可赋予对象新的属性，增加新的要素；将一个系统作为标准化的总体对象。系统内的全体对象均与环境发生相互关系。

（2）标准碎片化模型

现行国家标准、行业标准、企业标准的内容是系统对象和要素的重要来源，通过标准碎片化模型（图 3-6）可实现标准内容的分解，从而提取系统对象和要素。另外，通过业务梳理对缺少的系统对象和要素进行补充。

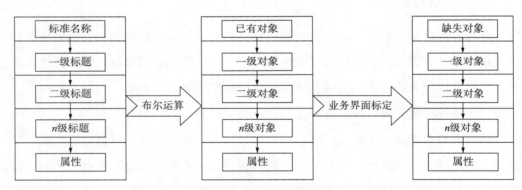

图 3-6　标准碎片化模型

以油气管道腐蚀控制专业为例进行标准碎片化，如表 3-2 所示。

表 3-2　腐蚀控制专业系统层次分析

业务	位置 / 环境	材料 / 设备	设计	施工	运行维护
防腐层保护 = 涂层保护	埋地管道	3PE 液体环氧类涂料 聚乙烯胶粘带 环氧粉末防腐层……	选型 结构设计 厚度 技术要求 ……	表面处理 现场涂覆 检验 修补 ……	检查 检测 修复 ……
	架空管道				
	冷弯管				
	穿越管道				
	储罐	耐水性、导电性、绝缘性			
	……	……	……	……	……

续表

业务	位置/环境	材料/设备	设计	施工	运行维护
保温	埋地管道	泡沫塑料 耐高温聚氨酯泡沫塑料 ……	选型 材料 ……	表面处理 布置安装 ……	检查 修复 ……
	架空管道				
	……				
阴极保护	埋地管道	强制电流 牺牲阳极 电绝缘 检测系统	电位 电流密度 布设 测试点	安装 调试 检测 修复	参数测试 管理 ……
	水下管道				
	区域阴极保护				
	储罐				
……	……	……	……	……	……

三、标准化对象和属性分级分类

（1）标准化对象和属性的界定

根据梳理的系统对象，对需要标准化的系统对象进行界定，提取标准化对象，并将多个标准化对象的共性性质或同一标准化对象的不同方面提取作为属性。属性依附于标准化对象存在。

1）标准化对象：核心对象，系统的核心要素。标准化对象的界定原则如下：

完整性：组成标准化对象的各要素相互关联，通过一定结构形成完整的整体。完整性可通过多种形式，包括通过紧密空间连接，也可通过某种机制联系形成整体，如仪表自动化系统通过通信传输形成整体。

独立性：作为一个整体相对独立的对外表现功能。独立性表现在两个方面：一是脱离整体的任何一个部分或要素，将无法表现出对象的功能。这是根据系统工程的"突显性"原则得出；二是对象功能不依赖于系统内其他对象，脱离系统，对象功能仍然能够存在。对象的独立性可理解为功能独立性输出，系统为各对象功能的输入，对象功能发挥不依赖其他对象，系统功能依赖所有所含对象的功能。

连续性：空间上、结构上或功能上有连续性。该原则的意义在于确立的标准化对象所含各要素是具有内在关联关系，而不是相互孤立，或者说相互孤立的要素不应归结为同一个标准化对象的要素。

2）衍生类标准化对象：由标准化对象的属性衍生。标准化对象通过与其包含的属性进行遍历交叉组合，可形成多个系列的衍生类标准化对象。

（2）属性管理模型

标准化对象的属性采用多维度多层级的矩阵模型表示，属性分为多个维度（m），并且每个属性维度内包含多个层级（n）的分类，见图3-7。

$$
\begin{array}{ccc}
\text{属性} & \text{分类} & \text{描述方式} \\
\text{I} & [a_1, a_2, a_3, \cdots, a_n] & P_1(n) \\
\text{II} & [b_1, b_2, b_3, \cdots, b_n] & P_2(n) \\
\vdots & \vdots & \vdots \\
m & [m_1, m_2, m_3, \cdots, m_n] & P_m(n)
\end{array}
$$

图3-7 属性分级分类模型

（3）标准化对象和属性关联

标准化对象与属性之间的关联关系，通过关联性评价确定标准化对象应包含的属性。关联性评价见表3-3。当$P_1(n)$属性对对象 O 有影响时，则对象 O 包含该属性，否则，不包含该属性。

表3-3 标准化对象与属性关联性评价

标准化对象与属性	关联性分析	关联关系
$O[P_1(n), P_2(n), \cdots, P_m(n)]$	某一属性变化对对象有影响	对象包含该属性
$O[P_1(n), P_2(n), \cdots, P_m(n)]$	某一属性变化对对象无影响	对象不包含该属性

（4）标准化对象分类

1）线分类法/层级分类法。

线分类法是将分类对象（即被划分的事物或概念）按所选定的若干个属性或特征逐次地分成相应的若干个层级的对象，并排成一个有层次的，逐渐开展的分类体系。在这个分类体系中，被划分的对象称为上一层级对象，划分出的对象称为下一层级对象，由一个对象划分出来的下一级各对象，彼此称为同级对象。同级对象之间存在着并列关系，下一层级与上一层级对象之间存在着隶属关系，线分类模型具体见图3-8。在采用线分类法时有以下要求：

①由某一上一层级对象划分出的下一层级对象的总范围，应与该上一层级对象范围相同；

②同一层级内的对象不应交叉、重复，并只对应于一个上一层级对象；

③分类要依次进行，不应有空层或加层。

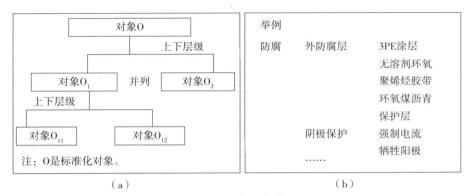

图 3-8　线分类法

2）面分类法 / 组配分类法。

面分类法是将所选定的分类对象的若干属性或特征视为若干个"面"，每个"面"中又可分成彼此独立的若干个类目。使用时，可根据需要将这些"面"中的类目组合在一起，形成多个复合类目，与标准化对象组合最终形成多组子标准化对象，具体见图 3-9。使用时，将有关类目组配起来，如埋地管道 3PE 涂层设计、埋地管道 3PE 涂层施工等。在采用面分类法时有以下要求：

①根据需要选择分类对象本质的属性作为分类对象的各个"面"；

②不同"面"内的类目不应相互交叉，也不能重复出现；

③"面"的选择以及位置根据实际需要而确定。

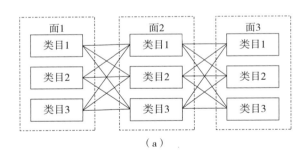

（a）

对象	敷设方式属性	生命周期属性
3PE涂层	埋地管道 穿越管道 跨越管道 并行管道	设计 施工 运行 维护 报废

（b）

图 3-9　面分类法

3）混合分类法。

混合分类法是将线分类法和面分类法组合使用，以其中一种分类法为主，另一种做补充的分类方法。在一体化标准化对象的分类中，采用混合分类法进行分类，建立的标准化对象分类模型见图3-10。标准化对象在纵向上为树状层次结构，在横向上按照一定规则排列，并通过与关联的属性组配形成多组衍生类对象。标准化对象之间的关联关系包括上下层级、并列、顺序关系等。上一层级对象通过下一层级的所有对象和属性进行描述。最终，通过标准化对象及其属性实现对系统的描述。

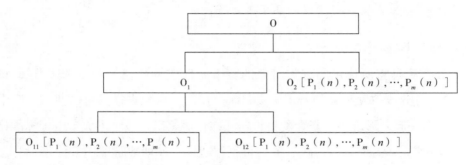

注：O：Object标准化对象；P：Property属性。

图3-10　标准化对象分类模型

每一个标准化对象都应安排在恰当的层次上，对具有共性及关联关系的多个标准化对象进行规范时，通过提取共性特征作为共性标准化对象，然后将此共性标准化对象安排在上一层级，扩大其通用范围以利于一定范围内的统一。

四、标准体系的构建

（1）绘制标准体系结构

标准体系框架的构建遵循以下几个原则。其组织架构如表3-4所示。

1）标准体系的第一层应为全体对象组成的系统。顶层设计是由所有对象的基础或通用部分组成，作为其他标准的基础并普遍适用，具有广泛的指导意义。

2）标准体系的第二层应由对所有专业进行协调的总则性标准组成，对各专业的交集部分进行协调统一，对非交集部分进行整体性协调。从而将各标准化对象进行联系、结合和协调，使整个系统成为一个有机联系的体系，并实现标准体系效能最大化。

3）标准体系的第三层应为专业。若有需要，可细分专业层级。可参考以下原则：

①以核心系统或对象组成核心专业；

②交叉对象应划入与其本质属性最相关的专业；

③应考虑使用惯例，可结合业务部门组织结构，参考现行学科分类。

4）标准体系第三层可下设细分的框架，也可直接由具体标准组成。

5）标准章节宜按照对象—子对象—生命周期—要素顺序原则排序，也可按照生命周期—对象—子对象—要素顺序原则排序。

6）标准章节不宜设置过多层级，合理的层级宜为2级到4级。

表3-4　标准体系组织架构

共用基础标准										
关联协调标准										
A 专业			B 专业			C 专业			......	
A1	A2	......	B1	B2	......	C1	C2	......	......
......	......									

（2）标准体系结构类型

标准化对象是标准体系构建的基础，从不同标准化对象的角度，确定标准体系结构关系，具体可包括以下几种类型：

1）空间结构型。

按照对象存在的空间构成和方位关系进行类别的划分，如线路、站场。

2）时间型。

按照对象的生命周期或业务流程进行分类，如管道设计、施工、运行。

3）功能型。

按照对象所能实现的业务功能进行的分类方式，如质量、健康、安全、环保等。

4）其他类型

以上是基本的3种类型。由于油气管道系统的复杂性，根据对象的类型和实际需求，也可以采用其他的标准体系构建类型，如采用多种分类方式的集合模式。

（3）各专业的标准子体系

建立各专业的标准子体系即确定各专业内包含的标准，各专业内的标准化对象的分类可从若干不同的角度进行，如对象可按照生命周期序列、功能、空间结构等维度进行划分。在建立标准体系时，可以将多维度的分类对象向其中的任何一个维度进行映射，即将多维度分类体系向单维度映射，作为标准体系的分类依据。

多维度向单维度映射：针对各专业，以某个维度的对象为主建立标准子体系，其他维度的属性映射到该维度，见图3-11。

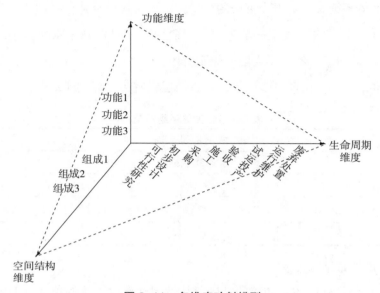

图3-11　多维度映射模型

（4）编制标准明细表

根据标准体系结构，以及各子体系包含的具体标准化对象，确定各层子体系包含的标准，最终形成标准明细表。标准明细表中应给出标准的代号、标准名称、所属专业等信息。

五、标准化对象向一体化标准转化

（1）标准化对象的进化组织结构

标准化对象的组织结构性质见图3-12。标准化对象通过层层关联逐步组成系统，因而自上而下呈现层次化的总体结构。标准化对象的进化结构是形成清晰的分级分类、层次结构和标准体系中各专业的依据。标准化对象向系统的方向进化时，综合性、协调性、共性增强。标准化对象向要素的方向退化时，配套性和个性增强。

在纵向上，底层为要素，相互关联的要素通过聚类形成标准化对象，进而形成标准综合体和系统。标准综合体是标准化对象进化过程中的中间级，根据系统复杂程度，当简单层级无法表现系统时，可以通过多层中间级表现。

在横向上，同级对象可按照生命周期、空间结构及向心原则排列。生命周期为从对象设计、施工、运行等或操作流程从始至终进行排列。向心原则是指当无法按照生命周期和空间结构进行排列时，可以先确定核心标准化对象，进而围绕核心对象对其他对象进行排列如图 3-12 所示。

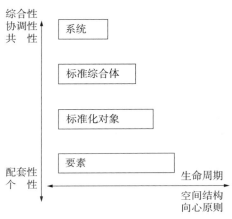

图 3-12　标准化对象进化组织结构

（2）标准化对象聚类组合模型

标准化对象按照通用化、系列化、模块化和协调互操作性原理，对标准化对象及其要素进行聚集。最终形成专业的设置、标准的设置、标准章节结构的划分，见图 3-13。

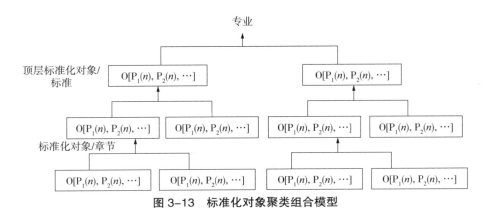

图 3-13　标准化对象聚类组合模型

当以某个标准化对象构建标准时，则将与该标准化对象具有关联性的所有下一层级对象聚类组合，作为标准化对象的标准内容，并按照一定规则排序，构建标准框架，见图 3-14。

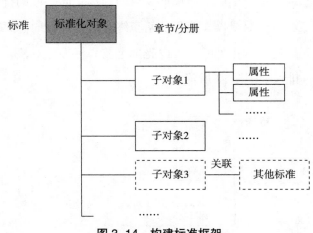

图 3-14　构建标准框架

（3）标准化对象属性覆盖度分析模型

借鉴"霍尔三维结构模式"建立多维属性分析模型，分析标准化对象的属性覆盖度，见图 3-15。通过遍历检索标准化对象和属性建立各个标准框架之后，将写入的标准化对象和属性标记为已覆盖，最终当标准化对象和属性全部覆盖时，建立的标准体系即是完善的，实现了全生命周期、全业务流程覆盖。

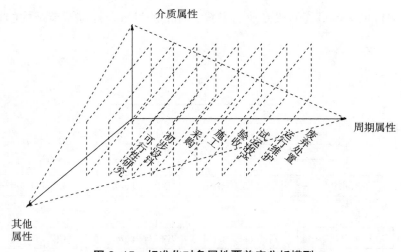

图 3-15　标准化对象属性覆盖度分析模型

六、应用与评价

1. 基于问题的标准改进提升

标准是指导生产的重要依据，同时也是解决实际生产问题的参照。基于标准化对象的问题综合协调改进方法，采用从问题分析出发，提取问题中的对象，并对照标准化对象库，提取相关的标准化对象，有效地梳理出相关的标准和对应的业务环节，并通过多方面协调分析，最终给出问题的解决方案，这是关联多对象问题综合协调改进模型（图3-16）。该模型实现了标准查找的准确性和全面性，可有效指导企业及时发现问题、解决问题。

另外，该模型也可实现以问题为导向的标准提升和完善。针对实际存在的问题，提取相关的标准化对象，并查找相关标准，当现有标准难以解决问题时，则需要对标准进行修订，最终达到不断优化标准体系的目的，实现闭环管理。

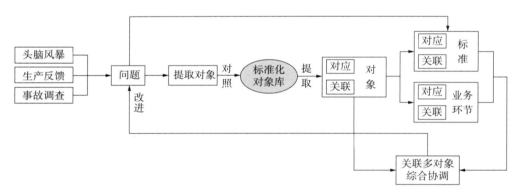

图 3-16 关联多对象问题综合协调改进模型

2. 覆盖度分析评价

标准体系的覆盖度是衡量标准体系优劣的重要指标。标准体系覆盖度包含以下几个主要因素：

（1）标准化对象的覆盖度，是否涵盖了所有相关的标准化对象。

（2）生命周期覆盖度，包括可行性研究、设计、施工、运行、维护、废弃等。

（3）关联关系覆盖度，包括对象的属性及关联关系、与外部环境关系等。

基于标准化对象的标准体系覆盖度分析模型，采用将标准体系进行分解，提取包含的对象，并对照标准化对象库，从多个维度分析覆盖度，并基于标准化对象的属性，分析标准的技术水平，见图3-17。

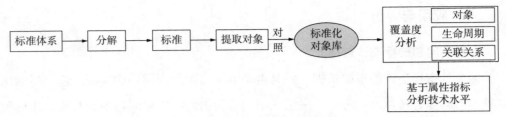

图 3-17   标准体系覆盖度分析模型

3. 标准制修订

对照标准化对象库和属性库，当出现新的标准化对象或属性时，判定是否存在关联的一体化标准，当有关联标准时，则将新的标准化对象或属性通过修订的方式加入该一体化标准；当无关联标准时，则依据新的标准化对象或属性制定新的一体化标准，见图 3-18。

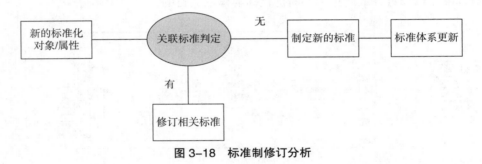

图 3-18   标准制修订分析

第四章 油气管道标准一体化构建实例

根据油气管道标准一体化建设流程和方法，以及结合油气管道企业业务实际需求，从领域信息收集、标准化对象和属性分级分类、聚类组合、标准转化及框架构建等方面，开展油气管道企业标准一体化体系的建立。

第一节 确定研究领域和目标

结合油气管道业务实际需求，目前油气管道业务领域范围主要针对原油、成品油、天然气三大介质管道系统进行分析。

针对原油、成品油和天然气三大介质管道系统开展一体化标准体系建设，构建涵盖企业全部业务的一体化标准体系，解决目前企业标准体系由"国家标准、行业标准、企业标准"堆积形成而导致的体系冗余、交叉、矛盾等问题，最终形成覆盖全面、结构层次合理、协调最优的标准体系架构，保障油气管道运行安全、高效、环保。

第二节 油气管道领域内信息收集

一、相关资料

研究整合油气管道业务全生命周期的涵盖从设计、施工、采办到投产、运营各个阶段的技术和管理标准，收集了国内外油气管道相关标准 3000 余项，并重点分析油气管道公司在用企业标准体系近 900 项标准，以及部分油气储运教材、相关文献资料等内容，保障信息收集的完整性。

二、业务流程

以输气管道业务流程为例，分析输气管道系统的整个业务流程，与梳理标准等文献资料互为补充。图 4-1 所示为输气管道业务流程图。

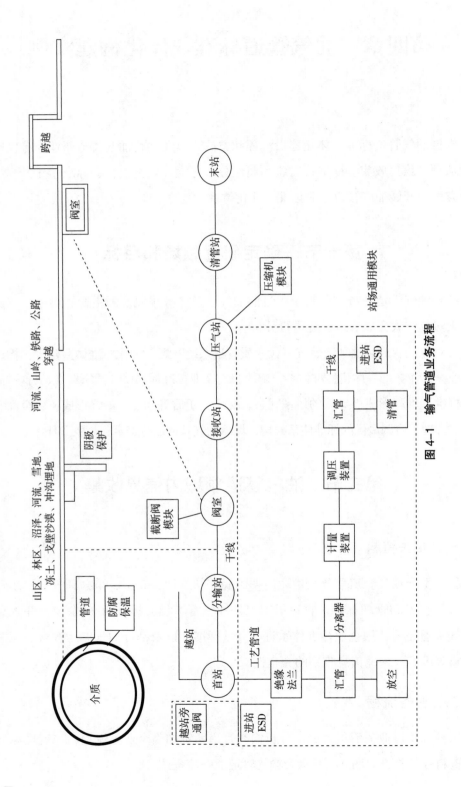

图 4-1 输气管道业务流程

第三节　系统对象分析

系统要素是提取标准化对象的基础。针对油气管道系统，从现有标准和业务流程出发梳理系统要素，共包含以下内容。

一、系统内属性、关联关系

油气管道系统包含的属性主要分为空间结构属性、领域属性、时间属性和全系统关联属性，如图 4-2 所示。

空间结构属性：依据业务流程梳理，包括站场、储罐、干线等；

领域属性：原油、成品油、天然气；

时间属性：包括勘察测绘、设计、施工安装验收、投产、运行维护、废弃处置；

全系统关联属性：包括油气管道系统总则、输送工艺流程等。

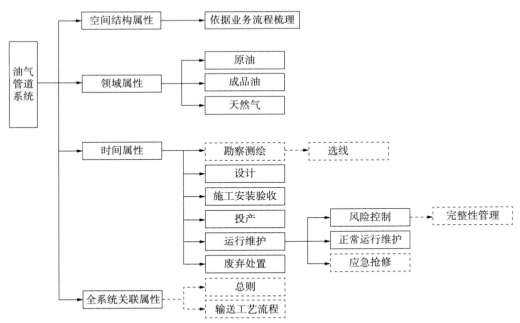

图 4-2　油气管道系统要素梳理

二、周围环境及关联关系——穷举法

油气管道系统与外部环境存在着关联关系，油气管道系统外部环境主要分为自然环境和人为环境，如环境属性、第三方属性，对油气管道所关联的外部环境通过穷举法达到环境因素覆盖全面。具体如图 4-3 所示。

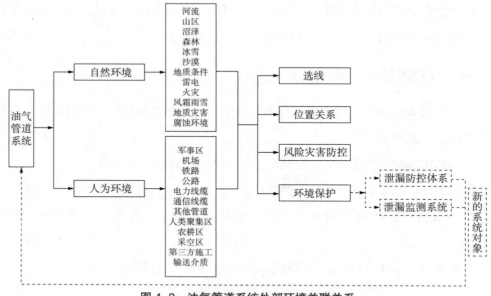

图 4-3　油气管道系统外部环境关联关系

三、社会性及关联关系

油气管道系统作为复杂的人工系统，与人类群体存在着密切的关联关系。油气管道系统与人类的作用是相互的，人类的社会活动会对油气管道系统产生结构和功能等的影响，同时油气管道系统也会对人类的安全、生活环境等产生影响。具体如图 4-4 所示。

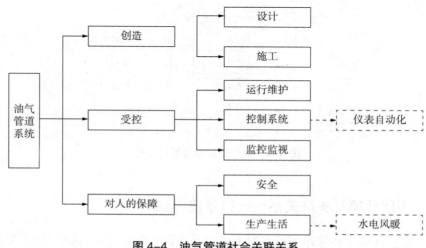

图 4-4　油气管道社会关联关系

第四节　标准化对象和属性分级分类

根据系统要素的分析，提取需要标准化的要素，确定油气管道系统的标准化对象，如图 4-5 所示。首先，油气管道系统围绕两个核心标准化对象即管道线路和油气站场，实现核心功能模块。其次，基本标准化对象包括仪表自动化系统、通信系统、防腐保温系统、消防系统、给排水系统、供配电系统、通风系统和供暖系统等则围绕着核心标准化对象存在，将核心标准化对象和基本标准化对象作为子系统，进一步分析下一层级标准化对象，并且从系统要素中提取标准化对象的相关属性和关联关系。最后，建立油气管道工程的标准化对象层级库。

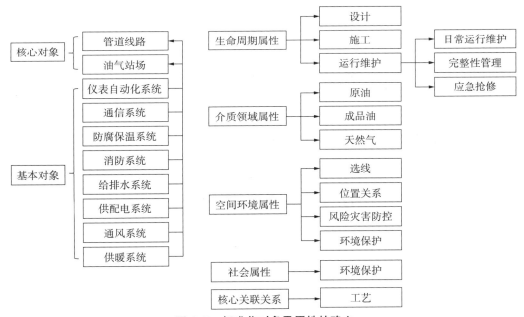

图 4-5　标准化对象及属性的确立

以油气管道领域的腐蚀控制系统为例，做进一步分析，如图 4-6 所示。其包含的具有防腐保温性质的下一层标准化对象为防腐层、绝热层、阴极保护和杂散电流，将这 4 个对象作为基本标准化对象，则衍生类标准化对象由空间结构属性、生命周期属性、环境关联属性、社会关联属性等与基本标准化对象进行交叉遍历组合形成。如空间结构属性衍生的标准化对象有干线管道防腐层、站场工艺管道防腐层、储罐防腐层。

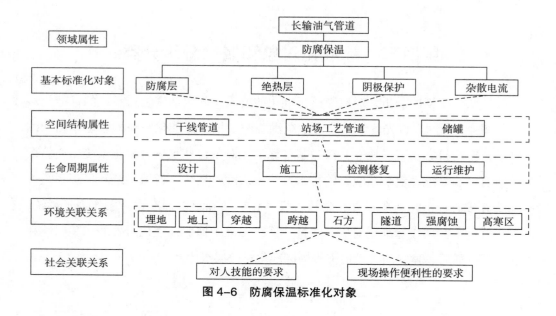

图 4-6　防腐保温标准化对象

第五节　构建标准体系

一、结合业务，建立标准体系结构

按照标准体系架构组织原则要求，结合油气管道业务，确定各专业，并在顶层设计给出基础通用和设计与运行总则两个子体系，共同组成油气管道一体化标准体系架构，如图 4-7 所示。

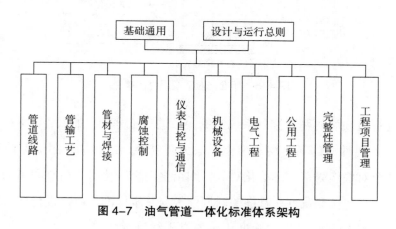

图 4-7　油气管道一体化标准体系架构

二、针对各专业，划分基本对象

依据标准体系结构中的各专业划分，从功能、业务的生命周期、空间组成等若干不同属性的角度选取各专业包含的基本标准化对象。油气管道相关业务及标准化对象见表4-1。

表4-1 油气管道相关业务及标准化对象

业务	基本标准化对象	
	（空间序列）	（生命周期序列）
管道线路	埋地管道 跨越管道 穿越管道 并行管道 伴行路 管道标识 水工保护	勘察测绘 选线 设计 施工 投产 运行 维护 报废
	（空间序列）	（生命周期序列）
管输工艺	管输介质 原油管道 成品油管道 天然气管道 储气库 石油库 控制中心	设计 运行
	（空间序列）	（功能序列）
管材与焊接	钢管 管件 设备设施	在役焊接 施工焊接 检测
	（空间序列）	（生命周期序列）
防腐保温	外防腐保温 阴极保护 杂散电流 内腐蚀控制	设计 施工 检验 补口
	（空间序列）	（生命周期序列）
机械设备	输油泵机组 压缩机组 阀门及执行机构 炉类设备 储罐 管道工艺设备 站场工艺设备	选型 安装 维护

表 4-1（续）

业务	基本标准化对象	
	（功能序列）	（生命周期序列）
仪表自控与通信	检测与控制 计量 监控与数据采集 火灾及可燃气体检测报警 远程诊断 通信	设计 安装 维护 操作
	（空间序列）	（生命周期序列）
电气工程	电气系统 电力设备 防雷防静电	设计 施工 维护 检修
	（空间序列）	（生命周期序列）
公用工程	总图与运输 建筑与结构 暖通 给排水 消防	设计 施工 维护
	（空间序列）	（功能序列）
完整性管理	线路 站场	内检测 腐蚀检测与评价 外检测 完整性评价 地质灾害防护 泄漏监测 安防预警 设备在线监测 缺陷修复 应急 抢修
	（功能序列）	
工程管理与 HSE	项目管理 项目质量管理 工程监理 项目竣工验收 投产与交接 安全 环境保护 职业健康	—

三、建立各专业下的标准子体系

采用多维度向单维度映射的方法，针对各专业，以某个维度的基本标准化对象为主，其他维度的属性映射到该维度，建立各专业标准子体系，见表4-2。

表4-2 各专业标准子体系

序号	业务	映射	标准化对象
1	管道线路	空间序列	勘察测绘、线路、穿越、跨越、并行管道、水工保护、伴行路、地面标识
2	管输工艺	空间序列	管输介质、控制中心、输气管道输送工艺、输油管道输送工艺、输气管道运行、原油管道运行、成品油管道运行、地下储气库、石油库
3	管材与焊接	空间序列	钢管、管件、设备设施材料、线路施工焊接、在役管道焊接、工艺设备设施焊接、焊接检测
4	防腐保温	空间序列	通用技术、防腐保温层、阴极保护、杂散电流、内腐蚀控制
5	仪表自控与通信	功能序列	通用技术、检测与控制仪表、计量、监控与数据采集、火灾及可燃气体检测、远程诊断、通信
6	机械设备	空间序列	离心式输油泵、离心式压缩机、往复式压缩机、阀门及执行机构、炉类设备、储罐、输气管道工艺设备、输油管道工艺设备、站场工艺管道
7	电气工程	空间序列	电气系统、试验规程、防雷防静电
8	公用工程	空间序列	总图与运输、建筑与结构、暖通、给排水与消防
9	完整性管理	功能序列	线路完整性管理、站场完整性管理、内检测、腐蚀检测与评价、外检测、完整性评价、地质灾害防护、泄漏监测、安防预警、缺陷修复、在线监测、应急、抢修
10	工程管理	功能序列	项目管理、质量管理、工程监理、竣工验收、投产与交接、安全管理、环境保护、职业健康

四、编制标准明细表

依据各专业向单维度映射后的标准化对象，建立各专业包含的标准列表，见表4-3，并按照本章第六节相关要求给出标准编码。

表 4-3　各专业标准列表

专业	标准化对象
管道线路	油气管道线路
	油气穿越管道
	油气跨越管道
	油气并行管道
	油气管道线路水工保护
	油气管道伴行路
	油气管道地面标识
管输工艺	输气管道输送工艺及运行
	原油管道输送工艺及运行
	成品油管道输送工艺及运行
	输油管道石油库技术规范（分几个部分）
机械设备	输油管道输油泵机组
	输气管道压缩机组
	油气管道阀门及执行机构
	油气管道炉类设备
	储油罐
	输气管道工艺设备
	输油管道工艺设备
	油气站场工艺管道
管材与焊接	油气管道钢管
	油气管道管件
	油气管道线路焊接
	油气管道设备设施焊接
	在役油气管道焊接
	无损检测
防腐保温	油气管道腐蚀控制
	油气管道防腐保温层
	油气管道阴极保护
	油气管道杂散电流防护
仪表自控与通信	油气管道仪表自动化控制
	油气管道检测与控制仪表

表 4-3（续）

专业	标准化对象
仪表自控与通信	油气管道计量
	油气管道监控与数据采集
	油气管道火灾及可燃气体检测报警
	油气管道远程诊断
	油气管道通信
电气工程	油气管道电气系统
	油气管道电力设备预防性及检修
	油气管道防雷防静电及接地
公用工程	油气管道总图与运输
	建筑与结构
	暖通
	给排水与消防
完整性管理	油气管道线路完整性管理
	油气管道站场完整性管理
	油气管道检测与修复
	油气管道腐蚀检测与评价
	油气管道完整性评价
	油气管道地质灾害防护
	油气管道安防预警
	油气管道应急
	油气管道抢修
工程管理与 HSE	油气管道建设工程项目管理
	油气管道工程项目质量管理
	油气管道工程监理（含设计监理）
	安全管理
	环境保护
	职业健康

五、标准内容

以油气管道为标准化对象构建标准时，通过筛选标准化对象和属性关联数据库，将相关标准化对象和要素进行聚集，建立标准框架。以线路—干线—防腐—外防腐层四级对象构建标准框架，应包含外防腐层对象下的所有子对象和属性，见表4-4。

表4-4　油气管道外防腐层相关对象和属性

对象	子对象及属性
线路—干线—防腐—外防腐层	3PE【生命周期；敷设方式；环境】
	FBE【生命周期；敷设方式；环境】
	无溶剂环氧【生命周期；敷设方式；环境】
	聚烯烃胶带【生命周期；敷设方式；环境】
	环氧煤沥青【生命周期；敷设方式；环境】
	保护层【生命周期；敷设方式；环境】

将外防腐层关联的标准化对象和属性按照一定规则排列形成标准框架结构，如按照生命周期—对象—子对象模式或对象—子对象—生命周期模式构建的框架目录如图4-8所示。

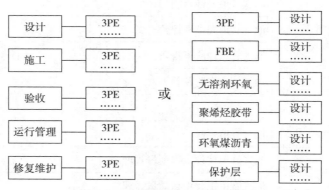

图4-8　油气管道外防腐层标准框架

油气管道外防腐层标准中具体规定内容如下：油气管道所用的各类具体防腐层类型的技术要求、涂覆要求、维护要求；除管线外的储罐等设备设施所用的各类具体防腐层类型的技术要求、涂覆要求、维护要求；涂覆涂料前钢材表面处理技术要求及处理方法等。

第六节 一体化标准编码

一、概述

标准编码规则是标准编号所要遵循的规则，对于同一个行业、企业等，标准编号规则应具有唯一性，目前国内标准编号大多采用无含义流水号，标准编号与标准体系不具有关联性。但随着国内企业生产规模的扩大、科学技术的运用，企业分工越来越细，协调范围越来越广，标准体系分类也越来越细，标准体系应以满足企业内外部行为所有功能要求为前提，以执行所分配任务对应标准涵盖任务所涉及的规则、质量、技术等要求，从而确保企业可对任务过程进行质量控制。标准编号作为标准体系表的重要组成部分，是直接面向用户使用的重要要素，标准编号设置的科学合理性对于标准的使用和管理具有重大意义。结合一体化标准理念，企业标准体系不再局限于由企业外部标准和企业内部标准混合组成，而是在遵循国家法律法规的基础上，基于国际标准、国家标准、行业标准，根据企业的业务需要，融合企业的技术和经验，自主编制一套在企业内部执行的标准。这就给企业标准编码规则与企业标准体系紧密结合创造了条件，从而赋予标准编号更多的含义，满足企业精细化管理的要求。

二、企业一体化标准编码

国内外企业标准编码的形式各异，但标准体系建设基本围绕标准化目标、指导思想、发展策略展开，国内外企业及协会等组织机构的标准编码方式分类基本概括为以下 3 种分类方法：

（1）数字分类法

赋予单个或多个数字特定意义，将整套标准根据特定意义进行分类，或标准只采用数字形式进行分类。

（2）字母分类法

赋予单个或多个字母特定意义，将整套标准根据特定意义进行分类。

（3）字母数字混合分类法

赋予字母与数字组合特定意义或分别对字母与数字赋予特定意义的分类方式。

国外油气企业标准体系结构大多根据业务/专业范围划分主题，即根据企业内部不同业务/专业建立子体系，分类主题可总结为以下几类：

1）总则：基本标准，阐明标准化目标；

2）工程（设计、施工、运行）：包括所有工程标准及业务运营标准；

3）质量管理：公司整个业务开展的标准；

4）物资管理：企业资产消耗及分配标准；

5）维护：所有设备的维修，以及定义关键的备用配件过程的标准；

6）技术设施支持：IT系统、政策，包括支援作业的监督控制、数据采集等相关标准；

7）安全与环境：围绕安全及环境工作开展的标准。

借鉴国内外标准体系标准编码规则，分专业建立国内油气管道企业标准一体化标准的编码。标准编码建议采用数字分类法进行编制，可按照GB/T 1.1—2020给出的规则起草，结合企业自身要求，加以企业标准编码的固定格式开头。标准序号可采用5位数数字序号构成，见图4-9。序号前两位根据企业标准一体化架构中所分专业设定为索引代号，将标准架构直观呈现在企业标准编码中，利于标准检索与管理；标准序号后3位用以对每个专业内标准进行深层次划分。

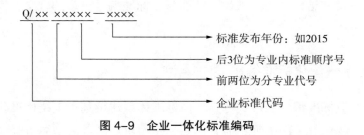

图4-9 企业一体化标准编码

第七节 一体化标准编制

一、基本原则

一体化标准编制应涵盖油气管道全生命周期的技术要求，并以满足运行管理要求为核心。一体化标准中的内容应符合科学性的要求，以实践经验和科学技术为基础，经过优选、论证，各方面协商一致，满足公司业务发展需求。一体化标准应以技术内容为主，管理内容为辅，并量化主要指标。一体化标准内容应不低于法律法规、国家标准、行业标准和企业标准的最高要求，并涵盖油气管道专业标准化技术委员会归口管理的相关企业标准的所有要求。在符合生产需求的前提下，宜直接将现有国家标准、行业标准、上级企业标准等条款内容写入一体化标准，相关要求无现行标准或现行标准不适用时，可依据生产经验总结和科研成果转化编写。在工程建设一体化标准中，可首先在规范引用文件中明确引用的外部标准，并依据实际情况，以附加要求的形式明确提出技术和管理要求。一体化标准应解决现行标准间不协调、不统一、交叉重叠等问题。一体化标准主要供技术人员和管理人员使用，应明确关键技术要求，不宜对产品技术规格、岗位操作程序等内容进行过多描述，但操作性的一体化标准中应明确给出详细的操作实施步骤。

二、编制要求

（1）标准中每项条款后均应注明本条款的依据和来源，若多项连续条款的依据和来源相同时，可在最后一项条款后注明出处。

（2）技术标准间可以相互引用，各专业间应相互协调，避免层层引用。

（3）在工程建设一体化标准中，可首先在规范引用文件中明确引用的外部标准，并依据实际情况，以附加要求的形式明确提出技术和管理要求。

（4）可考虑增加警示、警告等提醒内容，可使用相应的符号表示不同的提醒信息。

1）使用"⚠警示"来提醒对设备会产生的危害或不安全的操作。

2）使用"⚠警告"来提醒对人员造成的伤害或生命威胁。

（5）操作性的标准中应明确给出详细的操作实施步骤。

（6）记录应给出完成工作要求记录的文件资料、报告等。

第五章　油气管道标准一体化信息技术

第一节　系统构建

一、概述

传统的标准体系构建通常是依靠人的经验来编制标准体系表，进而针对标准体系表开展每项标准的编制，这样的标准体系仅仅是标准的一个集合，难以体现各标准之间的关联性，会导致不同人员编制的各标准之间存在交叉重复矛盾，并且对于标准体系是否涵盖全面、是否覆盖全部业务难以评价，不利于标准水平的提升。另外，当存在单个标准制定需求时，往往由标准起草人依靠经验确定标准应编制的内容及范围，在标准编制时人为主观影响因素大，标准编写范围难以界定，无法掌握与现有标准之间的关系，可能会导致标准内容的缺失，或者与其他标准存在重复交叉，给标准的使用和管理带来不便。

以某一企业为例，目前企业标准体系由国家标准、行业标准、企业标准等组成，标准体系中的标准可达上千项，企业生产经营依据的相关标准多且繁杂，并且各标准之间的内容可能存在重复、矛盾冲突，如针对某一指标不同标准中都有规定，但各规定可能存在不一致，这就给企业内标准的使用人员带来很大困扰，使用人员难以判断要以哪个标准作为依据；并且针对某个对象的不同方面的相关规定分散在不同的标准内容中，企业人员需要查找不同的标准来获取全面的信息，也给标准的使用带来了不便。

油气管道标准框架构建系统是一套基于油气管道标准一体化理论基础的软件，见图5-1，通过提取企业/系统所有的标准要素，并将这些标准要素进行关联，研究标准化对象、属性等之间的关联，实现标准化对象和属性的分级、分类管理，建立层级明确的标准化对象和属性数据库，根据不同的标准需求，实现标准化对象和属性的聚合、关联关系等内容，最终生成一整套企业所需的标准。

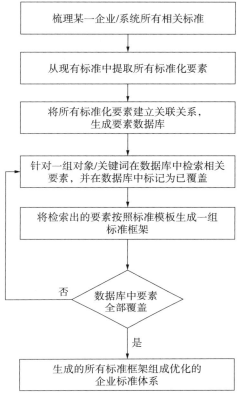

图 5-1　标准一体化软件功能流程图

二、总体架构

数据库平台负责整个系统数据存储、数据备份恢复、数据容灾难处理、库对库数据接口。应用服务管理平台负责数据库的存储读取访问，负责各种业务逻辑的实现，负责各种数据业务层接口的实现；客户端负责各种业务 PC 端的展示，见图 5-2。

平台以 MVC（Model View Controller）为系统技术架构，构建整个管理系统。有效集成各种标准对象的信息，系统具备良好的扩展性、装配性和可移植性，单个功能模块的问题并不影响系统的其他模块运行。

整个系统的硬件配置主要有：数据库服务器、应用服务器、内部网络、客户端 PC 机，从而确保系统应用的稳定，可靠和高效。

MVC，是模型（model）—视图（view）—控制器（controller）的缩写，一种软件设计典范，用一种业务逻辑、数据、界面显示分离的方法组织代码，将业务逻辑聚集到一个部件里面，在改进和个性化定制界面及用户交互的同时，不需要重新编写业务逻辑。

　　系统具有良好的容错、容灾处理机制，当系统出现意外时，具有快速恢复和重装软件的能力，各客户端的问题不相互影响。

　　系统可按实际的业务需求灵活地配置系统用户角色、人员及权限，使系统操作能责任到人，各司其职、各负其责。

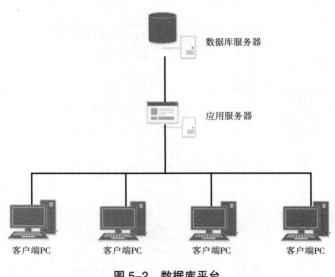

图 5-2　数据库平台

三、系统特点

1. 安全性

　　程序采用多重加密模式，保证数据录入、上报、审核入库的安全。数据的存储、传输、访问都有相应各自加密机制，程序支持权限定制、IP 限制等，从各个环节确保数据的安全性，同时，采用支持 SOAP 协议的 XML 数据传输格式来消除传统的应用程序诸如防火墙的障碍。

2. 高效性

　　程序采用智能客户端技术，许多复杂的运算均在客户端完成，充分利用客户端系统资源，大大减少了对服务器的依赖，使程序效能更高。传输数据均通过压缩处理，数据传输速度更快，用户体验更好。

3. 开放性

　　程序平台为开放性，程序留有接口，用户可根据需求随意为平台扩充任意 B/S

功能模块，新的模块即可在平台中良好地运行，系统自动负责新模块的更新操作，新模块与系统可实现无缝结合。

4. 灵活性

软件功能树、菜单、工具栏以及需求数据录入、验证、保存均可根据模块功能需要自行定制。

5. 适应性强

快速适应数据库结构的变化，快速适应各采集源点的采集需求的变化特点。

四、系统功能

油气管道标准框架构建软件通过建立系统关联的标准化要素库，实现对所研究系统的描述，并且通过检索标准化要素库，实现标准体系内各项标准框架的构建，明确各项标准包含的标准化要素，从而避免人为构建标准体系存在的标准内容交叉重复矛盾等问题。最终通过分析标准化要素库中要素的覆盖度，实现对标准体系覆盖度的评价，避免标准体系内容的缺失，有利于建立系统全面、相互协调的标准体系，提高标准体系的建设水平。解决了目前企业标准中标准内容分散、重复、矛盾等问题，实现相关标准化对象和属性的检索和多形式展示，为标准编写人员提供完善的框架和内容支持，具体模块及功能如下：

1）基础对象与基础属性管理，包含基础对象分类与基础属性分类管理；

2）标准对象管理，包含标准对象基本信息管理、对象的层级、属性关联等内容管理；

3）专业体系管理，包含体系内的对象、属性聚合、组合顺序等内容管理；

4）标准框架管理，包含标准框架的编目、对象、属性等框架内容的管理；

5）查询检索功能，各种信息的检索输出。

1. 基础数据管理

基础数据管理，主要实现油气管道标准涉及的对象、属性等信息的维护管理功能，实现系统内容的扩充调整，适应未来业务变化的需要。

（1）基础属性管理

该模块包含基础属性分类管理与基础属性编码管理 2 个子模块。属性分类内容可自由添加、修改，对于已经被使用的属性分类（在标准对象里面被引用），则不允许删除。属性编码管理每个属性分类下的编码，同一分类下的编码名称不能重复。

1）属性分类。

该模块主要对基础属性进行简单分类管理，便于使用属性时能够快速查找属性，主要功能如下：

——对基础属性分类编码的维护功能，包括增加、修改、删除功能。

——分类内容包括固有的分类，例如，生命周期，包括可行性研究、设计、施工、运行、维护、废弃等，也包括使用者自行定义的分类。

2）属性编码。

针对属性的不同分类，实现不同分类内属性的关联、添加、删除和修改等，主要功能如下：

——提供增加功能，允许用户随时增加新的基础属性；

——提供修改、删除功能；

——提供基础属性与分类的关联关系设置功能。

（2）基础对象管理

该模块包含基础对象分类管理与基础对象库管理 2 个子模块。

1）基础对象分类管理。

该模块主要对基础对象进行简单分类管理，便于使用对象时能够快速定位对象，主要功能如下：

——本模块提供对基础对象的分类编码的维护功能，包括增加、修改、删除功能；

——分类采用多级编码机制，允许大分类下属建立子分类；

——分类内容由用户按照现有的管理体系自行创建。

2）基础对象库管理。

针对对象的不同分类，实现不同分类内对象的关联、添加、删除和修改等，主要功能如下：

——提供增加功能，允许用户随时增加新的基础对象；

——提供修改、删除功能；

——提供基础对象与分类的关联关系设置功能。

（3）标准对象管理

标准对象管理模块从基础对象库与基础属性池中提取出对象与属性进行组合，并生成能够用于标准框架制定的标准对象。标准对象指的是实际标准制定中涉及的对象与属性。标准对象由对象上级、对象自身、对象下级（属性，子对象）等信息组成。创建一个标准对象时选择一个基础对象作为基础，同时可以指定上级，没有上级视为根级对象。标准对象后台采用 PATH 字段存储足够的上级信息，可以了解该对象的完整上级链路。标准对象的属性从属性池中选择，标准对象的属性可以动态关联属性的所有编码，也可以关联部分指定编码，动态关联时，如果增加属性编码，则新编码会自动建立与对象的关联。

功能介绍：

——标准对象管理提供 2 种输入方式：树表结合方式维护，EXCEL 批量导入。

——标准对象可自由添加修改，对于已经被使用的标准对象，则不允许删除；标准对象关联的属性可自由添加，对于已经使用的属性则不允许删除。

——标准对象库模块采用树表结合方式维护标准对象，界面左侧为对象树（不显示属性），右侧为子对象以及对象属性列表，提供按名称模糊检索功能。

——EXCEL 导入模块，可以识别 EXCEL 文件中的内容，批量入库标准对象与属性。

（4）专业体系管理

专业体系指的是标准领域内的某一个专业方面的全部标准对象、属性信息的集合，先建立专业体系，可以限制标准框架的内容范围。从标准对象中筛选与专业体系相关的对象与属性，并设置属性聚合方式（组合路径），按照聚合方式把属性编码自动交叉组合，生成聚合后的组合属性，并可进一步筛选需要的组合。每个组合属性拥有唯一特征码，在不同专业体系中，同一个对象的相同的组合方式的特征码相同（即使组合顺序不一样），用于实现标准框架内容的引用检索与覆盖度检索。每个组合属性都可指定基本的内容文本，在标准框架使用该组合属性的时候，可以输出该文本，用于快速形成初步标准文档。

功能介绍：

——专业体系管理包含体系的名称管理以及体系的内容维护两部分。

——标准体系可自由添加修改，对于已经被使用的标准体系（在标准框架里面被引用），则不允许删除；标准体系关联的对象与属性可自由添加，对于已经使用的对象与属性，则不允许删除。

——标准体系内容维护采用树表结合的模式维护，左侧为体系内包含的对象树，右侧为当前选中对象的子对象列表以及属性组合路径、组合编码列表。

——在专业体系内，针对一个标准对象，可以设置多个属性的交叉组合方式（组合路径），每个组合方式按照属性编码自动实现交叉组合，并允许再次选择实际需要的属性编码组合添加到对象上。

——为对象的每个属性编码提供输入标准文本的功能。

2. 标准框架管理

标准框架管理指的是生成和管理一个实际标准中含有多个标准对象、属性等信息的集合。每一个标准框架都指定一个专业体系，用于实现内容限定。每一个标准框架都指定标准编号、标准发布时间等信息，结合标准框架内的对象、属性等信息，可以给其他发布时间更晚的标准框架指示，相关内容已经在其他标准里面被使用，从而避免重复定义以及知晓标准引用情况。框架内采用编目管理，从而实现架构的灵活调整。每个编目作为容器，可以放入从专业体系内过滤筛选的内容。标准框架可以输出标题大纲形式的 word 文档，并在每个标题下提示该内容在哪些标准中曾经定义，或者输出已经定义的文本内容。

功能介绍：

——标准框架管理包含框架的名称管理以及框架的内容维护两部分。

——标准框架可自由添加、修改、删除。

——标准框架内容维护采用树表结合的模式维护，左侧为框架内包含的编目以及编目下包含的对象树，右侧为当前选中对象的子对象列表以及组合编码列表。

——提供按照名称或关键字检索对象并批量添加目录内容的功能。

——提供批量多选专业体系内标准对象的属性编码组合的功能，并显示每个组合编码的内容或者在其他标准定义情况。

——提供按照树状展示整个标准框架内容的功能。

3. 数据查询模块

数据查询模块包含基础属性查询、基础对象查询、标准对象查询、标准体系覆盖度查询、标准框架查询几个模块。

——基础属性查询，按分类、关键词等参数进行查询，输出数据表。

——基础对象查询，按分类、关键词等参数进行查询，输出数据表。

——标准对象查询，按基础属性、基础对象、关键词等参数进行查询，输出结构树或者数据表。

——标准体系覆盖度查询，建立每个标准框架之后，将写入的标准化对象和属性标记为已覆盖，其他标准进行引用，避免交叉重复。最终通过查询标准化对象和属性的覆盖度，了解标准体系的完善度，将已覆盖的内容列出相关标准编号，未覆盖的内容突出显示。

——标准框架查询，按标准编号、标准名称、关键词等参数进行查询，输出结构树或者数据表。

第二节 操作及维护

一、登录页

访问本站之后会出现登录界面，输入账号和密码即可登录本站。

二、基础数据管理

基础数据管理的目的主要是实现油气管道标准涉及的对象、属性、体系等底层信息的维护管理功能，实现系统内容的扩充调整，适应未来业务变化的需要。

三、基础属性管理

该模块包含基础属性分类管理与基础属性编码管理2个子模块。

——基础属性分类功能模块对应基础属性池概念，属性分类名称不可重复。

——基础属性分类内容可自由添加、修改，对于已经被使用的属性分类（在标准对象、专业体系里面被引用），则不允许删除。

——提供按名称或者关键字进行模糊检索的功能，检索输入条件按照逗号为逻辑或，分号为逻辑与，输出判断逻辑为判断名称或者关键字字段包含输入条件的内容。

——基础属性编码管理每个属性分类下的编码，同一分类下的编码名称不能重复。

——基础属性编码除必须属于某个一分类外，增删改、查询的逻辑与属性分类功能一致。

（1）基础属性分类

该模块主要对基础属性进行简单分类管理，便于使用属性时能够快速定位属性。

主要功能：

——对基础属性的分类编码的维护功能，包括增加、修改、删除功能。

——分类内容包括固有的分类，例如：生命周期，包括可行性研究、设计、施工、运行、维护、废弃等，也包括使用者自行定义的分类。

（2）基础属性编码

主要功能：

——提供增加功能，允许用户随时增加新的基础属性；

——提供修改、删除功能；

——提供基础属性与分类的关联关系设置功能。

四、基础对象管理

该模块包含基础分类管理与基础对象库管理两个子模块。

（1）基础分类管理

该模块主要对基础对象进行简单分类管理，便于使用对象时能够快速定位对象。

主要功能：

——本模块提供对基础对象分类编码的维护功能，包括增加、修改、删除功能；

——分类采用多级编码机制，允许大分类下属建立子分类；

——分类内容由用户按照现有的管理体系自行创建。

（2）基础对象库

基础对象库的主要功能：

——提供增加功能，允许用户随时增加新的基础对象；

——提供修改、删除功能；

——提供基础对象与分类的关联关系设置功能。

五、标准对象管理

该模块从基础对象库与基础属性池中提取出对象与属性进行组合，并生成能够用于标准框架制定的标准对象。

——标准对象，指的是实际标准制定中涉及的实体对象与属性。

——标准对象由对象上级、对象自身、对象下级（属性、子对象）等信息组成。

——创建一个标准对象时选择一个基础对象作为模板，同时可以指定上级，没有上级视为根级对象。

——标准对象后台采用 PATH 字段存储足够的上级信息，可以知道该标准对象的完整上级链路。

——标准对象的属性从属性池中选择，不能作为其他标准对象的上级。

——当前阶段仅存储对象与属性关联关系，实际属性聚合数据并不存储。

——标准对象的属性可以动态关联属性的所有编码，也可以关联部分指定编码，动态关联时，如果增加属性编码，则新编码会自动建立与对象的关联。

功能介绍：

——标准对象管理提供 3 种输入方式：树表结合方式维护、图形树方式维护、EXCEL 批量导入。

——标准对象可自由添加修改，对于已经被使用的标准对象（在专业体系里被引用），则不允许删除；标准对象关联的属性可自由添加，对于已经使用的属性则不允许删除。

——标准对象库模块采用树表结合方式维护标准对象，界面左侧为对象树（不显示属性），右侧为子对象以及对象属性列表，提供按名称模糊检索功能。

——对象图形维护工具模块采用图形树方式维护，整个界面为一个树结构，可以通过拖动、右键菜单操作被选中的对象或者属性。

——EXCEL 导入模块，可以识别 EXCEL 文件中的内容，批量导入标准对象与属性。

六、专业体系管理

专业体系指的是标准领域内的某一个专业方面的全部标准对象、属性、属性聚合信息的集合，先建立专业体系，可以限制标准框架的内容范围。从标准对象中筛选与专业体系相关的对象与属性，并设置属性聚合方式（组合路径），按照聚合方式把属性编码自动交叉组合，生成聚合后的实体属性，并可进一步筛选需要的实体组合。

每个实体属性（聚合后的组合）拥有唯一特征码，在不同专业体系中，同一个对象的相同的组合方式的特征码相同（即使组合顺序不一样），用于实现标准框架内容的引用检索与覆盖度检索。每个实体属性都可指定基本的内容文本，在标准框架使用该实体属性的时候，可以输出该文本，用于快速形成初步的标准文本。

功能介绍：

——专业体系管理包含体系的名称管理以及体系的内容维护两部分。

——标准体系可自由添加修改，对于已经被使用的标准体系（在标准框架里面被引用），则不允许删除；标准体系关联的对象与属性可自由添加，对于已经使用的对象与属性则不允许删除。

——标准体系内容维护采用树表结合的模式维护，左侧为体系内包含的对象树，右侧为当前选中对象的子对象列表以及属性组合路径、组合编码列表。

——在专业体系内，针对一个标准对象，可以设置多个属性的交叉组合方式（组合路径），每个组合方式按照属性编码自动实现交叉组合，并允许再次选择实际需要的属性编码组合添加到对象上；属性组合的顺序可以调整（但是参数与组合的属性个数不能调整）。

——对于对象的每个属性编码，提供输入标准文本的功能。

七、标准框架管理

标准框架工程指的是管理一个实际标准中含有多个标准对象、属性等信息的集合。每一个标准框架都指定一个专业体系，用于实现内容限定。每一个标准框架都指定标准编号、标准发布时间等信息，结合标准框架内的对象、属性、属性聚合等信息，可以给其他发布时间更晚的标准框架指示内容已经在别的标准里面被使用，从而避免重复定义以及知晓标准引用情况。框架内采用编目管理，从而实现灵活架构的目的。每个编目作为容器，可以放入从专业体系内过滤筛选的内容。标准框架可以输出标题大纲形式的 word 文档，并在每个标题下提示该内容在哪些标准中曾经定义，或者输出已经定义的文本内容。

功能介绍：

——标准框架工程管理包含框架的名称管理以及框架的内容维护两部分。

——框架工程可自由添加、修改、删除。

——标准框架内容维护采用树表结合的模式维护，左侧为框架内包含的编目以及编目下包含的对象树，右侧为当前选中对象的子对象列表以及组合编码列表。

——提供按照名称或关键字检索对象批量添加目录内容的功能。

——提供批量多选专业体系内标准对象的属性编码组合的功能，并显示每个组合编码的内容或者在其他标准定义情况。

——提供按照树展示整个标准框架内容的功能。

——提供识别旧版标准文本自动生成标准框架的功能。

八、数据查询模块

数据查询模块包括基础属性查询、基础对象查询、标准对象查询、专业体系覆盖度输出、标准框架查询等。

——基础属性查询，按分类、关键词等参数进行查询，输出数据表。

——基础对象查询，按分类、关键词等参数进行查询，输出数据表。

——标准对象查询，按基础属性、基础对象、维度、关键词等参数进行查询，输出结构树或者数据表。

——专业体系覆盖度输出，输出某一个专业体系的每个内容的覆盖性，列出相关标准编号，未覆盖的内容用红色醒目显示。

——标准框架查询，按标准编号、标准范围、基础属性、基础对象、维度、关键词等参数进行查询，输出结构树或者数据表。

九、系统管理

1. 用户管理

用户管理主要是针对平台的使用者进行管理，包括用户的信息、用户组设置、用户的功能模块授权等。主要功能有：新增用户、编辑用户、删除用户、修改密码、设置角色等。

2. 权限管理

设置用户能够访问的功能权限。根据系统设置的安全规则，用户可以访问而且只能访问自己被授权的资源。从而针对不同的用户和管理人员，实现系统不同功能模块的操作、使用和维护。

第六章 展 望

作为企业标准化工作的重中之重，标准体系建设是一项系统工程，只有科学设计、统筹规划，才能达到先进、有效和适用的基本要求。在深入研究企业标准体系建设中的标准化特征，充分体现企业标准化需求等基础上，探讨建立一体化的标准体系，对于企业标准化的协调统一、优化提升具有十分重要的作用。从标准化角度看，建立统一的一体化企业标准体系，对内将有助于解决企业内部横向协调、纵向统一的问题，提升标准连接力，由分散管理向一体化管理转型，提升标准保障力，推动企业高标准高质量发展；对外有助于凝聚企业内部各方优势和力量，更积极和广泛地参与国内及国际标准化活动，提高标准话语权。在国家标准化改革的大背景下，标准一体化的思路与方法研究实践证明，以企业为主体构建先进适用的一体化标准体系，其思路和方法是科学的、可行的。

随着企业标准化工作推进，标准化管理体制机制也在不断完善和发展。标准化管理贯穿标准化的整个过程，不仅包括标准制修订的过程，还包括标准的实施和反馈的过程。目前企业普遍在标准制修订方面下大力气，从标准的立项、起草、审查、报批、发布、复审和修订等方面制定了严格的管理程序，而在标准的实施与监督、实施效果评价等方面却重视不够，作为标准闭环管理的重要一环，标准实施的好坏直接关系到标准化工作的效果，企业标准化工作的落地效果就是通过标准实施来体现的，如果企业建立的标准体系不能得到有效实施，那么就不可能发挥企业标准体系的作用。因此应积极开展标准实施与监督、实施效果的评价，增强员工实施标准的主动性，及时发现标准实施中产生的问题，为标准评价和修订提供可靠的依据。最终通过制定标准、实施标准、修订标准这样一个循环向上的过程，持续提高企业标准化水平。

我国企业标准化改革一直在路上，针对企业标准体系的建立和健全工作始终处于尝试和推进阶段，先进的企业标准对企业发展的引领作用越来越被人们所认识，只有大力开展标准体系建设，才能有效促进企业安全生产、提高企业的市场竞争力、推动行业技术进步。在企业标准化工作中，要采用科学的方法建立健全以技术标准为核心、以管理标准为支撑、以工作标准为保障的企业标准体系。同时，还要制定适应企业发展的标准化管理体系，从标准制定、组织实施和对标准实施进行评估、监督检查等方面出发，持续有效地推进企业标准化工作。

参考文献

［1］《油气管道标准化技术与管理》编委会. 油气管道标准化技术与管理［M］. 北京：
石油工业出版社，2019.

［2］李春田. 标准化概论（第四版）［M］. 北京：中国人民大学出版社，2007.

［3］岳高峰，张成宇. 浅析标准体系的原理和基本概念［J］. 中国标准化，2011（11）：
53-56.

［4］杨育中. 标准化专业工程师手册［M］. 北京：企业管理出版社，1997.

［5］李国强，等. 标准体系结构设计模型研究［J］. 中国标准化，2018（10）：64-68.

［6］何盛明. 财经大辞典［M］. 北京：中国财政经济出版社，1990.12.

［7］刘冰. 油气管道建设与运行一体化标准体系研究［J］. 中国标准化，2017（5）：
51-58.

［8］祝悫智，张玉志，吴超，等. 2016年全球油气管道建设发展现状［C］// 第六届
中国国际管道会议论文集. 北京：石油工业出版社，2017：75-83.

［9］祝悫智，吴超，李秋扬，等. 全球油气管道发展现状及未来趋势［J］. 油气储运，
2017，36（4）：375-380.

［10］张暖. 2017中国交通年鉴［M］. 北京：中国交通年鉴社，2017：335-354.

［11］刘朝全，姜学峰. 2017年国内外油气行业发展报告［M］. 北京：石油工业出版
社，2017：120-150.

［12］江河，陈建荣. 放宽准入完善机制加强监管——2017年中国油气政策综述［J］.
国际石油经济，2018（2）：15-21.

［13］邢金艳，雷怀玉，王家亮，等. 我国天然气管网存在问题及市场化改革建议［J］.
天然气技术与经济，2018（1）：58-61，65.

［14］池洪建. 对我国油气管道项目推行全生命周期管理的探讨［J］. 国际石油经济，
2014，22（9）：86-91+112.

［15］于大鹏. 油气储运工程地面管道施工管理探析［J］. 石化技术，2018，25（7）：
260.

［16］赵斌. 油气管道运行维护技术研究进展及展望［J］. 化工管理，2018（16）：162.

［17］李春田. 现代标准化方法——综合标准化［M］. 北京：中国标准出版社，2013：

27-54.

［18］宋明顺，周立军.标准化基础［M］.北京：中国标准出版社，2014：38-56.

［19］麦绿波.标准化学——标准化的科学理论［M］.北京：科学出版社，2017.

［20］白殿一，等.标准的编写［M］.北京：中国标准出版社，2012，16-24.

［21］崔凌云.标准信息服务的现状及发展展望［J］.航空标准化与质量，2001（5）：
9-11.

［22］［英］桑德斯.标准化的目的与原理中文版［M］，北京：科学技术文献出版社，
1974.

［23］［日］松浦四郎.工业标准化原理中文版［M］.北京：技术标准出版社，1981.

［24］邝兵.标准化战略的理论与实践研究［D］.武汉：武汉大学，2011.

［25］仇玮玮，李旭红，张宁.乐山市政务服务综合标准化建设实践浅析［J］.中国标准
化，2018，526（14）：27-29.

［26］刘峥颢.标准及标准化［M］.北京：中国计量出版社，2005.

［27］贾双明.油气开采安全生产技术标准体系的构建研究［D］.青岛：中国石油大学
（华东），2014.

［28］郑玉刚，张洪元.构建新的石油天然气管道行业标准体系［J］.石油工程建设，
2005（1）：18-23.

［29］杨元一.中国石化标准化战略和标准体系［J］.中国石油和化工标准与质量，
2008，28（12）：3-6.

［30］奚诗佳.石油企业标准体系建设新思路［J］.科学与财富，2018（36）.

［31］曹慧琳.陕西延长石油集团炼化公司推行企业标准化工作实践［J］.中外企业家，
2013（4）：27-28.

［32］叶可仲，赵爱锋.对加快建立中国石油管道建设行业统一企业标准体系的探讨
［J］.石油工程建设，2007（2）：14-17.

［33］刘凤花.我国油气储运标准化现状与发展对策［J］.化工管理，2018（22）：196.

［34］刘冰.以石油企业为例谈谈企业标准体系到底该如何做［J］.大众标准化，2017
（3）：50-55.

［35］姚伟.我国油气管道标准化现状与发展对策［N］.石油管道报，2012-10-16
（004）.

［36］李凤云.美国标准化调研报告（下）［J］.冶金标准化与质量，2004，42（5）：
55-61.

［37］李凤云.美国标准化调研报告（上）［J］.冶金标准化与质量，2004，42（3）：
27-34.

［38］税碧垣，杨宝玲．国内外管道企业标准体系建设现状与思考［J］．油气储运，2012，31（5）：326-329+344+407.

［39］漆敏．国内外油气管道安全标准差异性分析研究［D］．青岛：中国石油大学（华东），2015.

［40］傅诚德．石油科学技术发展对策与思考［M］．北京：石油工业出版社，2010：127-132.

［41］肖建洪，戴荣东，侯业贵，等．胜利油田石油工程标准体系建设［J］．中国标准化，2017（23）：134-139.

［42］赵雷亮．长庆油田标准化设计技术［J］．石油工程建设，2013，39（05）：29-32+8.